长江流域水库群科学调度丛书

溪洛渡、向家坝、三峡水库联合蓄水调度

丁　毅　胡　挺　洪兴骏　饶光辉　李荣波　等　著

U0214282

科学出版社
北　京

内 容 简 介

本书系统梳理研究团队近 10 年开展的水库蓄水调度相关研究，总结实际调度经验，针对长江上游控制性水库群联合蓄水面临的理论障碍和技术瓶颈，通过揭示流域年内来水规律，分析枯水判别条件，在确保枢纽工程安全、保障流域安全的基础上，优化溪洛渡、向家坝、三峡水库的蓄水进程，协调梯级水库蓄水方式，缓解长江中下游用水压力，并进一步提升梯级水库群综合利用效益。本书提出的相关技术成果对协调上下游水库汛末蓄水时机、进一步挖掘水库群联合蓄水调度潜力、合理安排水库群蓄水进程具有重要的示范和指导意义。

本书适合水旱灾害防御、水利工程调度等领域的技术、科研人员及防汛抗旱主管部门决策人员参考阅读。

图书在版编目（CIP）数据

溪洛渡、向家坝、三峡水库联合蓄水调度/丁毅等著. —北京：科学出版社，2023.10
（长江流域水库群科学调度丛书）
ISBN 978-7-03-076752-3

Ⅰ.① 溪…　Ⅱ.① 丁…　Ⅲ.① 长江流域-水库蓄水-水库调度
Ⅳ.①TV697.1

中国国家版本馆 CIP 数据核字（2023）第 195674 号

责任编辑：邵　娜/责任校对：高　嵘
责任印制：彭　超/封面设计：无极书装

科 学 出 版 社 出版
北京东黄城根北街 16 号
邮政编码：100717
http://www.sciencep.com

武汉精一佳印刷有限公司印刷
科学出版社发行　各地新华书店经销
*

开本：787×1092　1/16
2023 年 10 月第 一 版　　印张：13 1/4
2023 年 10 月第一次印刷　字数：327 000
定价：179.00 元
（如有印装质量问题，我社负责调换）

"长江流域水库群科学调度丛书"序

长江是我国第一大河，流域面积达 178.3 万 km^2。截至 2022 年末，长江经济带常住人口数量占全国比重为 43.1%，地区生产总值占全国比重为 46.5%。长江流域在我国经济社会发展中占有极其重要的地位。

长江三峡水利枢纽工程（简称三峡工程）是治理开发和保护长江的关键性骨干工程，是世界上规模最大的水利枢纽工程，水库正常蓄水位 175 m，防洪库容 221.5 亿 m^3，调节库容 165 亿 m^3，具有防洪、发电、航运、水资源利用等巨大的综合效益。

2018 年 4 月 24 日，习近平总书记赴三峡工程视察并发表重要讲话。习近平总书记指出，三峡工程是国之重器，是靠劳动者的辛勤劳动自力更生创造出来的，三峡工程的成功建成和运转，使多少代中国人开发和利用三峡资源的梦想变为现实，成为改革开放以来我国发展的重要标志。这是我国社会主义制度能够集中力量办大事优越性的典范，是中国人民富于智慧和创造性的典范，是中华民族日益走向繁荣强盛的典范。

2003 年三峡水库水位蓄至 135 m，开始发挥发电、航运效益；2006 年三峡水库比初步设计进度提前一年进入 156 m 初期运行期；2008 年三峡水库开启正常蓄水位 175 m 试验性蓄水期，其中，2010～2020 年三峡水库连续 11 年蓄水至 175 m，三峡工程开始全面发挥综合效益。

随着经济社会的高速发展，我国水资源利用和水安全保障对三峡工程运行提出了新的更高要求。针对三峡水库蓄水运用以来面临的新形势、新需求和新挑战，2011 年，中国长江三峡集团有限公司与水利部长江水利委员会实施战略合作，联合开展"三峡水库科学调度关键技术"第一阶段研究项目的科技攻关工作。研究提出并实施三峡工程适应新约束、新需求的调度关键技术和水库优化调度方案，保障了三峡工程综合效益的充分发挥。

"十二五"期间，长江上游干支流溪洛渡、向家坝、亭子口等一批调节性能优异的大型水利枢纽工程陆续建成和投产，初步形成了以三峡水库为核心的长江流域水库群联合调度格局。流域水库群作为长江流域防洪体系的重要组成部分，是长江流域水资源开发、水资源配置、水生态水环境保护的重要引擎，为确保长江防洪安全、能源安全、供水安全和生态安全提供了重要的基础性保障。

从新时期长江流域梯级水库群联合运行管理的工程实际出发，为解决变化环境下以三峡水库为核心的长江流域水库群联合调度所面临的科学问题和技术难点，2015 年，中国长江三峡集团有限公司启动了"三峡水库科学调度关键技术"第二阶段研究项目的科技攻关工作。研究成果实现了从单一水库调度向以三峡水库为核心的水库群联合调度的转变、从汛期调度向全年全过程调度的转变，以及从单一防洪调度向防洪、发电、航运、供水、生态、应急等多目标综合调度的转变，解决了水库群联合调度运用面临的跨区域精准调控难度大、一库多用协调要求高、防洪与兴利效益综合优化难等一系列亟待突破的科学问题，为流域水库群长期高效稳定运行与综合效益发挥提供了技术保障和支撑。2020 年三峡工程完成整体竣工验收，其结论是：运行持续保持良好状态，防洪、发电、航运、水资源利用等综合效益全面发挥。

当前，长江经济带和长江大保护战略进入高质量发展新阶段，水库群对国家重大战略和经济社会发展的支撑保障日益凸显。因此，总结提炼、持续创新和优化梯级水库群联合调度理论与方法更为迫切。

为此，"长江流域水库群科学调度丛书"在对"三峡水库科学调度关键技术"研究项目系列成果进行总结梳理的基础上，凝练了一批水文预测分析、生态环境模拟和联合优化调度的核心技术，形成了与梯级水库群安全运行和多目标综合效益挖掘需求相适应的完备技术体系，有效指导了流域水库群联合调度方案制定，全面提升了以三峡水库为核心的长江流域水库群联合调度管理水平和示范效应。

"十三五"期间，随着乌东德、白鹤滩、两河口等大型水库枢纽工程陆续建成投运和水库群范围的进一步扩大，以及新技术的迅猛发展，新情况、新问题、新需求还将接续出现。为此，需要持续滚动开展系统、精准的流域水库群智慧调度研究，科学制定对策措施，按照"共抓大保护、不搞大开发"和"生态优先、绿色发展"的总体要求，为长江经济带发挥生态效益、经济效益和社会效益提供坚实的保障。

"长江流域水库群科学调度丛书"力求充分、全面、系统地展示"三峡水库科学调度关键技术"研究项目的丰硕成果，做到理论研究与实践应用相融合，突出其系统性和专业性。希望该丛书的出版能够促进水利工程学科相关科研成果交流和推广，给同类工程体系的运行和管理提供有益的借鉴，并对水利工程学科未来发展起到积极的推动作用。

中国工程院院士

2023 年 3 月 21 日

前　言

汛末蓄水是水库工程年内运用的重要阶段，水库蓄水至理想水位是工程综合利用效益发挥的重要保障。水库蓄水时间的确定需要考虑在较低的防洪风险、满足下游河道内外用水等要求下，达成较高的水库蓄满率。随着长江流域经济社会高速发展和长江上游水库的陆续建成投运，流域水库群联合蓄水调度面临一系列新的挑战。由于长江上游水文规律具有同步性，干支流水库之间竞争性蓄水矛盾突出。对于承担有防洪任务的梯级水库，还需在保障防洪工程保护对象防洪安全的前提下有序协调上下游梯级蓄水进程，其联合蓄水调度更是一项复杂的技术难题。

本书在系统梳理长江上游水库蓄水时机提前和蓄水控制水位抬升等研究成果的基础上，重点开展金沙江下游溪洛渡、向家坝和三峡水库汛期末段至蓄水期的蓄水时机及蓄水进程研究。在确保水库及上下游地区防洪安全的前提下，提出梯级水库分期控制蓄水位，尽可能地减少弃水，增加枯水期的供水量，从而提高水库的综合利用效益。全书主要内容如下。

第 1 章绪论。简要介绍长江流域水库群联合蓄水面临的新形势，评述水库（群）蓄水调度国内外研究进展与工作基础，并介绍长江上游水库群概况，提出长江流域水库群联合蓄水调度关键问题。

第 2 章梯级水库蓄水期综合需求。以梯级水库在流域开发-管理-保护中的作用为切入点，分析蓄水期防洪和水资源综合利用等方面的水库调度需求，并分析确定水库（群）蓄水期防洪库容预留、下泄流量等要求，作为蓄水期运行的约束条件。

第 3 章梯级水库蓄水期水文特性。主要分析洪水特性及径流演变规律，辨析长江上中游干支流汛期洪水时空遭遇特性、蓄水期流域来水特性，提出蓄水期来水代表年份。

第 4 章梯级水库可蓄水量与蓄水形势。在厘清长江上游水库群蓄水总体安排的基础上，通过模拟计算分析溪洛渡、向家坝、三峡水库各阶段既有调度方式的蓄水效果，适当考虑乌东德、白鹤滩水库建成投运影响，并分析水库蓄水形势。

第 5 章水库群蓄水优化调度模型及高效求解算法。考虑金沙江下游——三峡水库实际运行中的约束，通过设定坝前最高安全水位将防洪与兴利结合起来，建立多目标蓄水优化调度模型；并引入 PA-DDS 优化算法对多目标蓄水优化调度模型进行求解。

第 6 章基于降雨-径流预报的水库蓄水时机判定与水位控制策略。采用基于海温多极的中长期预报方法，耦合数据降噪处理方法和统计学习理论，提出水库蓄水期径流量预测模型；结合案例分析不同水文预报方法或模型的应用效果，研究提出基于水文预报的三峡水库蓄水策略。

第 7 章基于水情预判的三峡水库蓄水进程优化。分析流域枯水预判条件及三峡水库蓄水进程控制方案，综合考虑水利动能指标、梯级整体蓄满率、蓄水期下泄流量等蓄水效果指标，对下游和库区的防洪影响等风险指标，提出基于水情预判的三峡水库蓄水进程优化策略。

第 8 章溪洛渡、向家坝、三峡水库联合蓄水调度方式优化。研究溪洛渡、向家坝、三峡水库汛期末段保证长江中下游防洪安全的库容使用和配比；考虑 8 月下旬至 9 月上旬不同来水条件，提出以三峡水库所处蓄洪水位为约束的溪洛渡、向家坝、三峡水库联合蓄水调度方式。

第 9 章水库群不同蓄水方案对中下游供水作用。分析水库群蓄水对长江中下游供水的影响；拟定三峡水库不同蓄水方案，确定相应的蓄水期下泄流量；分析提出面向提高下游供水保证程度的三峡水库蓄水方案，以及上游水库群蓄水原则。

第 10 章长江干流水位对蓄水期上游水库群联合调度的响应规律。分析三峡水库建库前后长江干流控制站断面形态及中低水位-流量关系变化情况；构建长江中下游宜昌至大通河段的一维水动力学模型，分析溪洛渡、向家坝、三峡水库不同蓄水调度方案对干流控制站水文情势的影响。

第 11 章水库群蓄水对两湖地区水文情势的影响。介绍洞庭湖和鄱阳湖两湖地区概况，以及长江与洞庭湖一、二维耦合水动力学模型、长江与鄱阳湖二维水动力学模型；结合案例分析评价模型精度，研究提出水库蓄水对两湖地区水文情势影响机制；分析不同调度方案对两湖地区水文情势的影响。

本书共 11 章。其中，第 1 章由丁毅、胡挺、洪兴骏撰写，第 2 章由饶光辉、李荣波、周曼撰写，第 3 章由李妍清、李帅、熊丰、张冬冬撰写，第 4 章由丁毅、傅巧萍、邢龙、曹辉撰写，第 5 章由李荣波、张松、饶光辉撰写，第 6 章由胡挺、徐涛、曹辉撰写，第 7 章由丁毅、洪兴骏、傅巧萍撰写，第 8 章由洪兴骏、饶光辉、纪国良撰写，第 9 章由丁毅、饶光辉、周曼撰写，第 10 章由张冬冬、张松、熊丰、邢龙撰写，第 11 章由李妍清、张冬冬、李帅、纪国良撰写。本书写作工作由丁毅主持，洪兴骏具体组稿、统稿。

本书的编写还得到水利部长江水利委员会，武汉大学，中国长江三峡集团有限公司流域枢纽运行管理中心，中国长江电力股份有限公司三峡水利枢纽梯级调度通信中心，长江勘测规划设计研究有限责任公司等相关单位领导、专家的大力支持和指导。本书的出版得到了中国长江三峡集团有限公司"三峡水库科学调度关键技术"第二阶段研究项目、国家重点研发计划课题（编号：2022YFC3202805）的资助，在此一并致以衷心的感谢。

水库群联合蓄水调度工作是一项创新工作。外部环境在变化，联合调度的内涵和外延都需要与时俱进。目前，长江流域水工程联合调度方案已逐步完善，但如何保证联合调度方案高效顺利地实施，在具体的调度过程中如何更好地协调好各部门、各行业、各地区之间的需求，如何通过更好的管理手段和机制，使各方在平等互利的环境下，实施好联合调度、执行好调度命令，还需继续努力。由于该问题的复杂性，以及时间、资料的限制，本书难免存在一些不足之处，需要通过实践不断完善。由于作者水平有限，书中不足之处，敬请广大读者批评指正。

作 者

2023 年 6 月于武汉

目　录

第1章

绪　　论

本章主要从长江流域水资源利用需求和长江上游水库群建设情况等方面，介绍实施水库群联合蓄水调度研究的背景；结合长江上游水库群汛末蓄水任务和面临的困难，提出合理安排水库群蓄水时间、协调水库群蓄水进程的紧迫性和重要意义；系统述评和全面总结水库群联合蓄水调度的国内外研究进展和前期工作基础；根据溪洛渡—向家坝—三峡梯级水库对流域防洪和水资源利用格局的影响，确定本书主要研究对象，明确影响范围；剖析水库群集中蓄水矛盾，简述本书主要研究内容。

1.1　长江流域水库群联合蓄水面临的新形势

1.1.1　长江流域水库群联合优化蓄水的形势和意义

长江流域水资源总量丰沛，但时空分布不均，同时水资源综合利用仍存在局部地区供用水矛盾较为突出，资源性、工程性和水质性缺水并存等问题（常福宣，2011；夏军 等，2011）。2018 年 4 月 26 日，中共中央总书记、国家主席、中央军委主席习近平在武汉主持召开深入推动长江经济带发展座谈会并发表重要讲话，指出推动长江经济带发展是党中央作出的重大决策，是关系国家发展全局的重大战略，对实现"两个一百年"奋斗目标、实现中华民族伟大复兴的中国梦具有重要意义。2014 年 9 月，《国务院关于依托黄金水道推动长江经济带发展的指导意见》（国发〔2014〕39 号）中提出应妥善处理江河湖泊关系。综合考虑防洪、生态、供水、航运和发电等需求，进一步开展以三峡水库为核心的长江上游水库群联合调度研究与实践。长江经济带等发展战略的实施和城镇化进程的高速发展对流域水资源供给和工程供水保障能力提出了更高的要求，也对以三峡水库为核心的长江流域水库群联合调度提出了新的挑战（胡春宏和张双虎，2022；吴志广和袁喆，2021）。

蓄水是水库年内运用的重要阶段。对于长江上游水库群，为缓解蓄水期因水库下泄减少对长江中下游供水抗旱、生态补水、两湖湿地的不利影响，仍需要进一步剖析蓄水期水库下游用水需求，均衡协调下游防洪安全和增加水量有效供给之间的关系，提出满足多方用水需求的三峡水库及上游水库群蓄水调度方式（许继军和王永强，2020）。因此，合理安排长江上游水库群蓄水时机与蓄水方式，不仅能保障流域水库群发挥最终规模效益，产生巨大的社会经济效益，同时也是流域生态环境保护与修复非工程措施的一种重要手段和途径（胡向阳 等，2010），对优化水资源配置与高效利用水资源，支撑长江经济带建设均具有重要的现实意义。

对于水库群蓄水调度，水库间起蓄时间和蓄水进程的协调和确定是两个重要的方面。在过往研究中，更多关注水库蓄水时机提前和阶段最高蓄水控制水位抬升，而针对蓄水进程的优化关注较少（何绍坤 等，2019）。每年汛期末段在制定本年度的蓄水调度计划时，需要根据短期、中期及长期气象水文预报成果，在确保水库及上下游地区防洪安全的前提下分期控制蓄水位，尽可能地减少弃水，增加枯水期的供水量，从而提高水库的综合利用效益。目前长江流域水库群联合调度格局已基本形成。本书研究成果对协调上下游水库汛末蓄水时机、进一步挖掘潜在蓄水水量资源，科学调配长江上游水库群蓄水具有重要的示范和指导意义。

1.1.2　长江流域水库群联合优化蓄水的需求和挑战

（1）开展水库群联合蓄水是加强长江大保护水利支撑与保障能力的内在要求。生态修复已成为长江流域水库群联合调度的重要目标之一，开展水库群联合调度，特别是金沙江下游梯级与三峡水库联合蓄水调度，对加强长江大保护水利支撑与保障能力具有重要意义。

长江流域沿线水工程建成运行后，改变了河流天然的水文、水力学特性，对原有的河流水生态环境造成一定影响，在改变原有自然规律的同时，可能导致一系列的生态和环境问题。随着长江上游梯级水库群的陆续兴建并投入运行，水库群集中蓄水会进一步加大对三峡水库蓄水影响，进而对长江中下游水文情势带来更加复杂的影响。连续多年针对"四大家鱼"自然繁殖的三峡水库生态调度试验和向长江中下游、鄱阳湖、洞庭湖两湖地区补水调度实践证明，通过水库群联合蓄放水调度是有效缓解这些不利影响的重要途径（戴凌全 等，2022；周雪 等，2019）。加强水库群联合蓄水调度研究，进一步提高水库蓄满程度及水资源利用效率、保障供水期生态及枯水期补水水量，从而保障干流、主要支流和湖泊基本生态用水，维护关键河段、关键区域、关键节点生态水量，切实发挥水库群生态调度在长江生态环境保护中的作用，可为促进长江大保护、全面加强长江流域生态环境保护提供强有力的水利支撑与保障。

（2）开展水库群联合蓄水是保障水库综合利用效益发挥的关键措施。三峡水库汛后蓄满与否直接影响长江中下游地区取水抗旱，航运流量补偿，两湖地区补水，长江口压咸等综合效益的发挥。

近年来的运用实践表明，为减轻三峡水库蓄水对下游用水需求的影响，可考虑将汛末开始蓄水的时间较初步设计调度方案提前，即在来水较大的 9 月中下旬，先拦蓄部分水量，以拉长蓄水过程，改善原初步设计调度方案可能出现的蓄水期间下泄流量较小的情况。在确保防洪安全和对泥沙影响不大的前提下，较好地协调了水库汛末蓄水与下游用水的矛盾。研究成果对充分发挥三峡水库巨大综合利用效益具有稳定的支撑作用。随着流域经济社会发展所带来的用水需求提高和长江流域治理开发的逐步深入，迫切要求从流域统筹的角度，进一步明晰并协调蓄水期间防洪、供水、航运、生态等多方面的需求，缓解供用水矛盾中各目标间的协同和转化关系，充分发挥工程综合利用效益。

（3）开展水库群联合蓄水是应对和缓解严峻蓄水形势的有效手段。三峡水库处在长江干流有调节能力的最末一级，上游水库群调蓄对中下游的影响集中体现在三峡水库。按2015 年成库水平计算，三峡水库及上游水库共有防洪库容约 360 亿 m^3 需要到主汛期后或汛期末段 9 月才能开始蓄水，蓄水时间集中且蓄水量大。遭遇来水偏枯年份，整个上游水库群的蓄水形势相当严峻，严重制约三峡水库枯水期最终规模效益的发挥。

为协调上、下游水资源调配，迫切需要研究在确保流域防洪安全的前提下上游各水库进一步提前蓄水的可能性，以及与三峡水库开展联动蓄水的调度方式，尤其是特枯水年份的联合蓄水调度方式，以协调水库群竞争性蓄水的不利影响（王俊和郭生练，2020）。三峡水库在金沙江下游溪洛渡、向家坝水库配合下，汛末防洪库容灵活运用空间更大，存在蓄水时机提前的可能，但针对不同前期来水情况，汛末预蓄方式与所处工况有关，因此应针对蓄水进程合理性进一步加强研究。

（4）开展水库群联合蓄水是完善梯级水库群管理的现实需求。进入 8 月下旬以后，两湖地区来水减少趋势明显，两湖地区发生洪水概率很小（胡光伟 等，2014）。三峡水库兼顾对城陵矶地区防洪调度运用的概率也将明显减少，中下游防洪需求的降低，为上游水库群防洪库容有序释放创造了条件。调度管理部门及水库所属业主迫切希望明确水库适应流域水情变化的防洪蓄水总体调度方案，以指导各水库度汛方案及蓄水计划的编制。

当前，长江上游来水来沙变化规律、长江中下游水资源综合利用需求、河势及生态环境的动态调整仍在变化，给长江上游水库群的运行管理及科学调度带来巨大挑战，亟须针对长江上游具有代表性的大型控制性水库群开展优化调度方案编制工作，为长江流域的防洪抗旱管理和各水库的优化调度运用提供技术支撑。

综上所述，为了响应国家水资源可持续开发利用战略，实现人水和谐，统筹协调防洪与兴利的矛盾，应对蓄水期调度存在的问题和挑战，开展流域控制性水库群联合蓄水调度研究，形成合理的梯级水库群联合蓄水调度方案，是十分必要的。

1.1.3　长江流域水库群联合优化蓄水的目标和任务

本书研究总体目标是：在确保枢纽工程安全、保障流域防洪安全的基础上，系统梳理已有蓄水调度研究成果，总结实际调度经验，充分挖掘溪洛渡—向家坝—三峡梯级水库联合蓄水调度潜力，通过优化汛期末段至蓄水期的蓄水时机及蓄水进程，科学协调梯级水库蓄水方式，提升溪洛渡—向家坝—三峡梯级水库水量优化利用空间，缓解长江中下游枯水期用水需求压力，进一步提升梯级水库群综合利用效益。

具体研究任务包括：①厘清金沙江下游溪洛渡—向家坝—三峡梯级水库联合蓄水调度需求与边界；②提出金沙江下游溪洛渡—向家坝—三峡梯级水库联合蓄水调度理论与方法；③分析金沙江下游溪洛渡—向家坝—三峡梯级水库联合蓄水调度影响与效益。

1.2　水库（群）蓄水调度国内外研究进展与工作基础

1.2.1　水库（群）蓄水调度国内外研究进展

1. 水库（群）蓄水期调度需求

水库（群）蓄水期间，下泄流量一般比来量减少较多，加上汛后天然来水量也在逐步下降，水库蓄水与各方面用水的要求之间往往可能出现较大矛盾与压力。对于蓄水期水库上下游需求开展分析，既有利于科学制定水库蓄水方案，也有利于明晰和防范水库集中蓄水可能带来的不利影响。

对于三峡水库，陈炯宏等（2015）从防洪、发电、航运、两湖地区补水、长江口压咸等方面，全面细致地分析了三峡水库 8 月下旬～11 月下旬期间各方面的用水需求，提出了蓄水期综合利用下泄要求。

近年来，随着技术手段的进步和"共抓大保护、不搞大开发"理念的逐步深入人心，水生态环境保护在流域开发治理中的地位愈发凸显，水生态环境保护对流域综合管理提出了更高的要求。水库调度作为流域防洪减灾和水资源利用的重要非工程措施，应充分利用水库调节能力合理调配水资源，在保障水库上下游饮水安全，改善下游地区枯水时段的供水条件的情况下，努力维系优良生态。戴凌全等（2016）建立了面向洞庭湖生态需水的水库优化调度模型,在蓄水期开展了不同典型年下以提高洞庭湖最小生态需水满足度和增加三峡水电站发电量为目标的水库优化调度。李英海等(2019)针对溪洛渡—向家坝梯级水电站在汛末期发电兴利、汛末蓄水、下游生态需水等多方面存在的水资源利用矛盾,引入了生态流量满足度结合其他兴利指标对蓄水方案进行了评价。蔡卓森等(2020)考虑金沙江下游珍稀特有鱼类自然繁殖生长需求,提出了下游河道适宜的生态流量,并探究了溪洛渡—向家坝梯级水库蓄水期的适宜生态流量改变度与梯级水库发电量间的关系。

2. 水库(群)蓄水时机选择

水库设计阶段往往从保证防洪安全角度出发,在整个汛期未发生洪水时,均将运行水位控制在防洪限制水位附近,待汛期水雨情明显转退,发生大洪水的可能性很小的情况下,方才实施蓄水。这样的蓄水安排,能够较好地保障防洪安全,但遇来水偏枯年份,水库汛后依靠径流蓄水,蓄满率和汛后蓄水位偏低,将可能影响下一供水年度的供水安全和兴利效益发挥。实时调度中可考虑在保障防洪安全的前提下,结合来水预报,合理利用汛期末段洪水资源,开展有条件的提前蓄水,从而提高水库蓄满率。

彭杨等(2003)在分析三峡水库防洪、发电及航运效益随蓄水时间的变化规律的基础上,运用多目标决策技术,建立水沙联合调度模型对三峡水库的蓄水时机和方式进行优化决策,研究表明从水库全局利益考虑,适当提前蓄水时间不会影响防洪,且对下游通航有利,三峡水库汛末提前蓄水比推迟蓄水好。刘攀等(2004)建立了考虑防洪-发电-航运效益指标体系的三峡水库初期运行期汛期运行水位与蓄水时机的联合优化设计模型,采用混合编码的遗传算法求解,得到了一系列优化方案,并根据不同的决策偏好进行方案推荐。刘心愿等(2009)将传统的设计洪水检验技术引入到优化技术中,通过对汛末期防洪库容进行科学划分和对蓄水控制线进行优化,根据入库流量大小进行分级防洪调度,实现了水库防洪和兴利蓄水之间的平稳过渡。Turner 和 Galelli(2016)提出了适应面临时段径流量级转移概率的供水水库中长期调度策略以兼顾枯水年份水库蓄水。陈柯兵等(2018)提出聚类-预报-优化的预报调度模式,利用支持向量机模型获得三峡水库9月径流量预报结果,并根据丰、平、枯来水预判确定水库起蓄时机。王丽萍等(2020)在基于累计前景理论的专家个体意见分析的基础上,提出了最佳蓄水时机的专家群体最大满意度群决策模型,并在三峡水库加以应用。

3. 水库(群)蓄水调度方式

水库蓄水方式的选择直接影响水库汛后蓄满程度和综合利用效益的发挥。水库蓄水方式的选择包括蓄水次序、蓄水进程控制、联合蓄水方式和优化算法等多个方面,既需要保证蓄水期间的防洪安全,又需要兼顾到水库综合利用效益的最大化。

蓄水次序方面:陈进(2010)根据长江流域特性、上游大型水库建设和运行情况,从宏观的角度分析了水库汛末竞争性蓄水引发的问题,提出了长江上游水库统一蓄水的基本原则和建议。Eum 和 Simonovic(2010)分析了气候变化对水库优化调度规则的影响,指出中小型水库调度规则相较大型水库,对气候变化的响应更为敏感,为减轻严重干旱时期供水破坏,建议大型水库以补水为主,而中小型水库以蓄水为主。李亮等(2016)为适应金沙江下游溪洛渡—向家坝梯级水电站发电特性，针对上游溪洛渡水库具有库容大、水头变幅大、受阻工况多、梯级水头重叠多等特点，建立了以最大梯级发电量为目标函数的联合优化调度模型，研究了梯级水库蓄水次序，结果显示有别于以传统的 K 值判别式法为基础的一般串联水库蓄放水规律，即下游梯级水库"先蓄后放"，保持高水头运用的方式，溪洛渡水电站先蓄后放水可减少汛期梯级水电站发电受阻程度，提高总预想出力，有利于提高梯级水电站的发电量。陈炯宏等（2018）根据水库汛期承担的防洪任务，将长江上游蓄水水库分为仅承担所在支流防洪任务、自身无防洪任务但承担长江中下游防洪任务及承担所在支流和长江中下游双重防洪任务 3 种类型，重点分析了承担本河流和配合三峡水库承担长江中下游双重防洪任务的部分控制性水库防洪与蓄水的关系，并探讨了水库提前蓄水的可行性；结合来水的不确定性，分析了在特枯水年、偏枯水年和偏丰水年等不同典型年下三峡水库蓄水调度方式及风险应对措施。

蓄水进程控制方面：Clark（1956）最早引入纽约市洪水规则来指导水库蓄水，以最大限度地减少长期运行供水破坏的时段和深度。李义天等（2006）提出了三峡水库 9 月分旬控制蓄水方案，采用调洪演算得到 9 月各旬防洪控制水位，并据此来控制蓄水。闫要武等（2011）针对三峡水库蓄水期来水量减少和下游需水量增加的矛盾，根据不同来水组合和需水目标，提出了三峡水库汛末分旬蓄水水位目标，设计了基于来水保证率的三峡水库蓄水调度图。Wan 等（2016）构建了考虑来水不确定性的两阶段蓄水调度模型，提出了均衡水库欠蓄损失和下游洪灾损失的蓄水调度风险对冲规则。

联合蓄水方式方面：付湘等（2013）着眼于使三峡水库顺利蓄水和最大程度保证上游各梯级水电站的经济效益角度，根据水能价值原理，提出上游水库群提前蓄水方案，确定了上游水库群的蓄水时间及水库提前蓄水量，以此来缓解三峡水库上游水库群汛末竞争性蓄水矛盾。周研来等（2015）分别设计了溪洛渡—向家坝—三峡梯级水库联合最优同步起蓄和异步起蓄方案，该研究表明原设计蓄水方案对防洪最为有利，同步起蓄方案对发电最为有利，而异步起蓄方案对蓄水最为有利。刘强等（2016）针对三峡水库及金沙江下游梯级水库群汛末竞争性蓄水引发的诸多矛盾，以不同来水年型、蓄水时间和蓄水期初水位构建梯级蓄水情景集；以蓄水期期望发电量最大为目标，建立蓄水期多目标联合随机优化调度模型，生成各蓄水情景（丰、平、枯水年）下的最优蓄水方案。

优化算法方面：欧阳硕等（2013）将流域水库群的蓄水原则与 K 值判别式法相结合，提出了梯级水库蓄水时机和次序，建立了基于蓄水调度图的蓄水优化调度模型，并采用仿电磁学全局优化算法对模型进行求解。黄草等（2014a，2014b）建立了包含发电、河道外供水和河道内生态用水等目标的非线性优化调度模型，以逐步优化算法（progressive optimization algorithm，POA）为基础，引入优化窗口（L）和滑动距离（l）两个参数，提出了扩展型逐步优化算法（extended POA，E-POA）以提高非线性模型的求解效率与效能；以长江上游 11 座大型水库群联合调度为背景，得到了长系列调度和多年平均水文条件下的各水库联合调度图，分析了水库群联合调度的汛前放水和汛末蓄水次序。郭生练等（2020）以长江上游 30 座巨型水库群为研究对象，建立提前蓄水多目标联合优化调度模型，采用分区策略、大系统聚合分解、参数模拟优化方法和并行逐次逼近寻优算法求解，研究表明与原设计方案相比，在防洪风险得到控制的前提下，通过水库群提前蓄水联合优化调度，水库总蓄满率和年均发电量得到显著提高。

4. 水库（群）蓄水风险效益

水文预报精度和水库自身度汛能力的提高，为开展汛期末段洪水资源利用创造了条件，但提前蓄水必将提前占用一部分的防洪库容，可能会增加一定的防洪风险。因此，水库提前蓄水的关键制约因素仍然在于如何保障流域的防洪安全。郭家力等（2012）基于贝叶斯原理建立了水文防洪风险分析模型，采用多输入-单输出系统模型把出库流量演进至防洪控制点。根据拟定的三峡水库 6 种提前蓄水方案，选用 1951～2010 年共 60 年的日径流资料分别计算了提前蓄水和非提前蓄水两种情况下的风险率；结果表明三峡水库提前蓄水并未显著增加长江中游荆江河段的防洪风险。李雨等（2013）建立了三峡水库提前蓄水防洪风险分析模型，以"1952 年"和"1964 年"典型年汛后期分期设计洪水调洪最高水位作为风险控制指标，通过拟定不同提前蓄水方案，开展了提前蓄水的防洪风险评估，结果表明 9 月 1 日及以后起蓄的各提前蓄水方案，不会增加下游地区的防洪风险。长江上游水库群规模运行，上游水库在蓄水期内的集中蓄水明显削减了中下游径流，导致蓄水期内用水矛盾突出，也增加了三峡水库蓄不满的风险，进而影响三峡水库效益的发挥。丁胜祥等（2012）通过分不同水平年模拟上游已建、在建和拟建水库的长系列运行，比较各控制站长系列径流与天然径流的差别，重点分析三峡水库蓄水期各站径流受上游大型水库运行的影响。同时，在所得模拟后长系列的基础上，对三峡水库按既定蓄水规则模拟蓄水计算，分析不同水平年三峡水库的蓄水受上游大型水库蓄水的影响程度。

水库（群）蓄水调度是一个典型的多目标决策问题，应当协同优化梯级水库的防洪、发电、蓄水调度目标。为此，根据对不同的蓄水方案进行比选，本质上即是对风险效益进行权衡决策的过程。左建等（2015）综合考虑三峡水库防洪、发电、航运、下游抗旱补水和生态用水等五大功能利用要求，从年均发电量、年均弃水量、10 月底蓄满率、防洪风险率、通航率及生态需水满足率等 6 个方面对蓄水时间和蓄水方式进行了综合评判，得到不同评价指标的权重及不同蓄水方案的加权欧氏距离。归力佳等（2018）为了协调多沙河流上梯级水库运行过程中防洪与兴利之间的矛盾，在分析汛末提前蓄水对梯级水库防洪、兴利及泥沙淤积的影响基础上，构建梯级汛末蓄水方案多目标决策模型，利用组合赋权——理想点法对非劣解集进行综合评价，得出协同优化各目标的最佳蓄水方案。

5. 水库（群）蓄水影响

大型水利工程的建造一方面可以充分利用流域水能资源，同时减轻下游防洪的压力，另一方面却改变了局部空间尺度上的水循环演变规律，对下游的水文情势造成一定影响。另外，随着近年来气候变化造成的局部地区干旱灾害严重，长江流域多次遭遇上下游同枯的流域性枯水水情，上游梯级水库蓄水势必会影响长江中下游的供水安全。

水利工程对下游水文情势影响研究主要分为三类：第一类是基于观测水文资料的研究，如主要采用统计分析方法，对比三峡水库运行前后干流主要控制站点的水文情势变化情况。Zhang 等（2009）采用统计检验法分析了长江中下游的水沙变化情况，得出三峡工程修建使得中下游水文序列产生突变的结论。李长春等（2015）分析了蓄水期长江干流和两湖地区水文情势特征，认为少数年份存在蓄水期长江干流来水与两湖本身来水遭遇枯水的情况，使得三峡水库的蓄水形势更为严峻。第二类是采用变异性范围法（range of variability approach，RVA）等指标分析方法，通过定义能够反映水沙时空变化的分析指标，定量评估上游水库对长江中下游水文情势的影响。班璇等（2014）通过定义 32 个具有生态学意义的指标，评估了三峡水库蓄水后中游水沙时空分布特征。第三类方法为数值模拟法，通过构建水动力学模型，定量评估上游水库蓄水对于下游的影响。王俊和程海云（2010）结合 2009 年三峡水库蓄水情况，揭示了三峡工程运行使得蓄水期下游水位下降了 2～3 m。

水利工程的运行将使江湖关系产生明显变化：国外多采用基于水文改变指标（indicators of hydrologic alteration，IHA）方法分析水利工程运行前后的水文要素变化特征（Dai et al.，2018；Huang et al.，2014；Richter et al.，1996）；国内学者从水情水沙时空演变、长江与洞庭湖水体交换能力、槽蓄特性等角度分析了新条件下的江湖关系变化（廖小红 等，2018；戴明龙，2017；朱玲玲 等，2016；李景保 等，2013）。

鄱阳湖和洞庭湖均是"吞吐长江"的通江湖泊，与长江之间形成复杂的江湖关系，对长江干流来水有着非常重要的调蓄作用。两湖的水位、水量变化直接影响到区域洪水灾害防治、水资源利用、水环境保护和水生态安全维护，意义重大。三峡水库汛末蓄水期间下泄流量小于入库流量，会使坝址以下河段径流减少、水位降低，导致两湖水系出流比降增大，加快洞庭湖、鄱阳湖水量的外泄，提前中下游及两湖的枯季到来时间。另外，鄱阳湖和洞庭湖水位同时受长江干流与支流来水的双重影响，如 2006 年、2009 年和 2011 年，受三峡水库调蓄和支流来水偏少的影响，鄱阳湖和洞庭湖湖区发生了大面积干涸，致使两湖地区生态、生活用水出现一定程度的减少，引起了社会各界的广泛关注。三峡水库运行对洞庭湖的影响方面：Chang 等（2010）通过对比三峡水库蓄水前后不同典型年下的洞庭湖出湖流量和泥沙变化特征，分析水库调度对洞庭湖水文情势的影响。李景保等（2011）通过运用三峡水库蓄水前后洞庭湖实测水文资料，分析了三峡水库不同调度方式对洞庭湖典型年的水文情势影响。王冬等（2014）通过引入临界水位概念，分析洞庭湖水量受三峡水库影响的程度。孙思瑞等（2018）基于 BP 神经网络，分析了三峡水库不同调度方案对洞庭湖出口水位的影响。付湘等（2019）建立了基于经验关系的枝城站至螺山站的荆江－洞庭湖水流演进模型，分析了有无三峡水库影响情况下洞庭湖槽蓄量变化过程和河道调整的影响。从目前研究成果来看，三峡水库蓄水使得蓄水期荆江三口来水减少及洞庭湖水位下降的结论基本明确，而三峡水库蓄水对洞庭湖出湖水量的影响及作用机制目前仍处于探索阶段。三峡水库运行对鄱阳湖的影响方面：刘章君等（2018）在假定鄱阳湖水位与汉口流量及五河流量的多元线性回归函数关系在三峡水库运行前后保持不变的前提下，拟定不同的汛末蓄水方案，通过三峡水库运行所引起的汉口流量改变值，间接得到鄱阳湖水位的变化量，结果表明水位影响随起蓄时间的提前而减弱，空间上呈北高南低的格局。

1.2.2 水库（群）蓄水调度工作基础

1. 三峡水库蓄水调度方式

汛末蓄水是三峡工程年内运用的重要阶段，水库汛后蓄水至正常蓄水位 175 m 是三峡工程综合利用效益发挥的重要保障。下面简要梳理不同研究阶段在保障枢纽工程和流域防洪安全的前提下，围绕三峡水库蓄水调度理念、方式、风险和应对措施等方面所开展的研究成果。

1)《长江三峡水利枢纽初步设计报告（枢纽工程）》简介

三峡工程可行性论证及初步设计阶段，对如何发挥三峡工程防洪、发电、航运等巨大综合利用效益进行了深入细致的研究，对水库移民、泥沙淤积、水库水环境保护、文物保护等制约因素制定了对策措施，拟定了水库汛后蓄水方式。1993 年 7 月国务院三峡工程建设委员会批准的《长江三峡水利枢纽初步设计报告（枢纽工程）》（以下简称《初步设计报告》）中综合考虑防洪、发电、航运和水库走沙等需要，安排三峡水库于 10 月 1 日开始蓄水，起蓄水位 145 m，采取"来水大时多蓄、来水小时少蓄"的方式，蓄水期间下泄流量按发电和下游航运的要求控制，减少水库泥沙淤积和防洪风险，基本均匀控制水库水位上升进程，10 月底或 11 月初水库水位逐步上升至正常蓄水位 175 m。遇枯水年份按此调度方式在蓄水期间，最小下泄流量不低于保证出力对应的流量，基本满足发电和航运的要求。对应初期运行期和正常运行期水库蓄水期间最小下泄流量不低于 5 000～5 500 m³/s。在《初步设计报告》阶段，根据历史水文资料分析，绝大部分年份是可以蓄至正常蓄水位 175 m 的。

同时，上游水库群调蓄对径流的影响都集中体现在三峡水库，汛后各水库蓄水减少了三峡水库蓄水期间的入库径流，将对三峡水库蓄水造成较大的压力，水库蓄水与中下游各用水方面要求之间呈现突出的矛盾。随着可持续发展理念的贯彻实施和对生态环境的愈发重视，有必要在《初步设计报告》的基础上，根据社会经济发展情况和现实要求，与时俱进，对三峡水库的蓄水调度方式进行适当调整。

2)《三峡水库优化调度方案》简介

三峡水库蓄水至 175 m 后，具备兴利调节库容 165 亿 m³，成为我国重要的淡水资源战略储备库，可发挥保障长江流域供水安全、维护生态稳定、改善中下游枯水季水质、有利于南水北调工程实施等方面的水资源配置作用。同时当下游河段遇干旱灾害、重大水污染事件、重大海损事件等应急事件时，还可进行应急调度处置。水资源利用日益成为三峡水库综合效益发挥不可忽视的因素。为保障三峡工程综合利用效益能够得到全面高效的发挥，提高水资源利用率，缓解三峡工程运行中存在的蓄水与下游用水矛盾，水利部组织有关单位研究三峡水库实施提前蓄水期间的洪水特性，各部门用水要求，对防洪、泥沙淤积的影响等，力求在保证枢纽工程安全及防洪作用的前提下，合理利用汛末水资源。研究提出三峡水库提前至 9 月中旬开始蓄水，同时优化蓄水期间下泄流量，比选了水库蓄水原则、蓄水时机和蓄水进程。

2009 年国务院以水建管〔2009〕519 号文批准了用于指导三峡水库试验蓄水期调度运用的《三峡水库优化调度方案》(以下简称《优化调度方案》)。方案提出水库开始兴利蓄水的时间不早于 9 月 15 日,蓄水期间的水库水位在保证防洪安全的前提下,分段控制均匀上升;一般情况下,9 月 25 日水位不超过 153 m,9 月底水位不超过 156 m(视来水情况,经防汛部门批准后可蓄至 158 m),10 月底可蓄至汛后最高蓄水位;蓄水期间下泄流量,一般情况下,9 月提前蓄水期间控制不小于 8 000~10 000 m³/s;10 月上、中、下旬分别按不小于 8 000 m³/s、7 000 m³/s、6 500 m³/s 控制;11 月按不小于保证葛洲坝下游水位不低于 39.0 m 和三峡水电站保证出力对应的流量控制。

2009 年三峡水库实施了上述《优化蓄水方案》,由于蓄水期间遭遇两湖严重枯水,三峡水库 10 月中、下旬加大向下游补水力度,水库未能蓄至 175 m。依据《优化调度方案》提出的"根据调度运用实践总结和各项观测资料的积累以及运行条件的变化,三峡水库的优化调度方案还需逐步修改完善"的精神,有必要进一步协调在不同来水(尤其是枯水年)的条件下,三峡水库蓄水和下游两湖地区用水需求,进一步优化蓄水调度方式。

3)《三峡(正常运行期)—葛洲坝水利枢纽梯级调度规程》简介

为科学调度三峡—葛洲坝梯级水利枢纽,明确调度和运行管理各方职责,在确保梯级枢纽工程安全的前提下,充分发挥梯级枢纽的综合效益,依据国家法律法规及三峡—葛洲坝水利枢纽初步设计、《优化调度方案》,结合三峡水利枢纽 175 m 试验性蓄水期调度运行实践,原中国长江三峡集团公司(现中国长江三峡集团有限公司)组织编制了《三峡(正常运行期)—葛洲坝水利枢纽梯级调度规程》(以下简称《三峡调度规程》)。

《三峡调度规程》已于 2015 年 9 月经水利部审查同意并批复。《三峡调度规程》中规定当沙市站、城陵矶站水位分别低于警戒水位 43.0 m 和 32.5 m 时,且预报短期内不会超过警戒水位的情况下,9 月上旬水库运行水位上浮至 150 m 控制,开始兴利蓄水的时间不早于 9 月 10 日,一般情况下 9 月底控制水位 162 m,9 月底视来水情况经国家防汛抗旱总指挥部(简称国家防总)同意后可调整至 165 m,10 月底可蓄至 175 m。蓄水期间预报短期内沙市站、城陵矶站水位将达到警戒水位,或三峡水库入库流量达到 35 000 m³/s 并继续增加时,水库暂缓蓄水转而按要求进行防洪调度。9 月蓄水期间控制水库下泄流量不小于 8 000~10 000 m³/s;10 月蓄水期间,一般情况下水库下泄流量按不小于 8 000 m³/s 控制,当水库来水流量小于 8 000 m³/s 时,可按来水流量下泄;11~12 月,水库最小下泄流量按葛洲坝下游庙嘴站水位不低于 39.0 m 且三峡水电站发电出力不小于保证出力对应的流量控制。

4)三峡水库试验性蓄水调度情况简介

从 2008 年开始,根据国务院三峡工程建设委员会批准,三峡水库开始 175 m 试验性蓄水运行。2009 年三峡水库实施了《优化调度方案》提出的蓄水调度方式,由于蓄水期间遭遇洞庭湖、鄱阳湖两湖严重枯水,两湖水系 9~10 月来水均偏少 5 成左右,中下游干流出现同期低水位,湘江长沙站、赣江南昌站等出现历史最低水位,供水紧张。三峡水库 10 月中、下旬加大向下游补水力度,水库未能蓄至 175 m。

自 2010 年 10 月三峡水库首次蓄水至 175 m 水位,已经历十余年试验性蓄水运行。表 1.1 给出了 2008~2018 年三峡水库蓄水调度运用实践情况统计。由表可知,汛期末段 8

月底三峡水库水位除个别年份均浮动至 150 m 以上运行，9 月上旬进一步上浮至 151～163 m，为蓄满水库，同时满足 9 月、10 月分别以 10 000 m³/s、8 000 m³/s 的最小下泄流量要求打下了坚实基础。

表 1.1 2008～2018 年三峡水库 175 m 试验性蓄水实践

年份	8 月底水位/m	9 月上旬平均水位/m	起蓄水位及时间		最高蓄水位及时间		9 月中下旬出入库/（m³/s）		10 月出入库/（m³/s）	
			起蓄水位/m	时间	蓄水位/m	时间	入库	出库	入库	出库
2008	145.85	145.85	145.27	9 月 28 日	172.8	11 月 4 日	25 300	24 100	15 400	11 600
2009	146.42	145.99	145.87	9 月 15 日	171.4	11 月 24 日	18 900	15 200	12 500	8 500
2010	158.57	158.70	160.20	9 月 10 日	175.0	10 月 26 日	21 600	20 900	13 900	9 950
2011	150.02	151.16	152.24	9 月 10 日	175.0	10 月 30 日	19 000	13 600	11 300	8 200
2012	150.01	157.24	158.92	9 月 10 日	175.0	10 月 30 日	23 300	18 900	16 300	14 400
2013	150.03	152.85	156.69	9 月 10 日	175.0	11 月 11 日	19 500	15 300	10 400	7 990
2014	158.07	162.46	164.63	9 月 15 日	175.0	10 月 31 日	32 400	29 900	16 100	13 900
2015	152.82	153.99	156.01	9 月 10 日	175.0	10 月 28 日	24 500	20 400	15 900	13 000
2016	147.32	146.47	145.96	9 月 10 日	175.0	11 月 1 日	15 800	10 300	13 600	9 350
2017	150.23	151.81	153.50	9 月 10 日	175.0	10 月 21 日	23 000	17 800	22 200	19 800
2018	150.37	151.37	152.59	9 月 10 日	175.0	10 月 31 日	20 500	15 300	18 000	14 900

2. 三峡水库与干支流水库群联合蓄水调度方式协调

随着长江上游一批库容大、调节能力强的控制性水库的投运，以三峡水库为核心的长江上游水库群已逐渐形成，汛末蓄水总量不断增加；在水库蓄水期，水库集中蓄水与长江中下游地区用水需求的矛盾日益显现，亟须通过水库群联合调度来协调解决。

1）金沙江溪洛渡、向家坝水库与三峡水库联合调度研究

考虑到溪洛渡、向家坝水库与三峡水库组成的区域巨型水库群对流域水量再分配的重要支点作用，长江勘测规划设计研究有限责任公司承担了《金沙江溪洛渡、向家坝水库与三峡水库联合调度研究》（简称《三库联调研究》）项目，在满足梯级水库对川江河段、长江中下游防洪任务要求的前提下，结合溪洛渡、向家坝水库预留防洪库容的释放条件，将可蓄库容在两水库内进行分配，优选各水库蓄水时间和控制节点的蓄水控制水位方案，提出了梯级水库群联合蓄水调度方式。结果表明：综合考虑预留防洪库容、三峡水库各项蓄水指标、下游供水、泥沙淤积、库区淹没和发电量等因素后，溪洛渡、向家坝水库可考虑在 9 月 1 日开始汛后蓄水，控制溪洛渡水库 9 月 15 日的水位不超过 570 m，9 月 20 日的水位不超过 590 m，9 月 30 日可蓄至正常蓄水位 600 m；向家坝水库 9 月 10 日可蓄至正常蓄水位 380 m。9 月 10 日后溪洛渡水库优先于三峡水库蓄水对提高梯级发电效益较为有利，但需要合理控制蓄水进程。三峡水库 9 月底的控制蓄水位在 162～165 m 较为合适。通过实施溪洛渡、向家坝水库提前蓄水，可在防洪风险可控的条件下，显著提高水库群综合利用效益和三峡水库汛末蓄满率。其中两水库提前至 9 月 1 日开始汛后蓄水，可使溪洛渡、向家坝、三峡梯级水库多年平均发电量增加 7.9 亿～10.2 亿 kW·h。

2）长江上游干支流水库群联合蓄水调度方式

原则上，长江上游水库蓄水调度运用，要服从流域水库群联合蓄水调度的总体安排，有序逐步蓄水；蓄水期间要兼顾长江中下游对下泄流量的要求和三峡水库蓄水的要求；承担有防洪任务的水库，根据防洪库容分期预留的原则，分段控制蓄水位上升进程；为应对枯水，在确保防洪安全和对泥沙影响不大的前提下，汛末开始蓄水时间可适当提前。

2009 年水利部安排长江水利委员会开展了《以三峡水库为核心的长江干支流控制性水库群综合调度研究》（简称《大调度一阶段》），对长江上游干支流水库群的联合蓄水方式进行了初步研究，指出应统筹安排上游水库群兼顾防洪、水资源综合利用、水生态与水环境等要求，有序逐步蓄水，控制蓄水进程；在确保防洪安全和泥沙淤积影响不大的前提下，汛末开始蓄水的时间可适当提前。

随后考虑 2015 年成库水平，水利部继续组织实施《长江上游控制性水库优化调度方案编制》（简称《大调度二阶段》）研究，对调节库容大、防洪任务重、汛期与三峡水库蓄水时段重叠的水库，研究在确保流域防洪安全的前提下各水库提前蓄水策略。提出在三峡水库汛后难以蓄满至正常蓄水位的特枯年份，在确保防洪安全的前提下，三峡水库要在 10 月底完成蓄水任务，9 月 10 日和 9 月底蓄水位需突破 150 m 和 165 m 的限制。初步估算，在上游水库不同步蓄水时，三峡水库 9 月底和 9 月 10 日目标蓄水位的范围分别为 165～168.2 m、150～165.4 m。与此同时，在 9 月 10 日及以后开始蓄水或未蓄水至正常蓄水位的上游水库停止蓄水，尽量维持出入库流量平衡调度，以保障三峡水库蓄水。

对于仅承担配合长江中下游防洪的水库，7 月底可蓄至不超过为长江中下游预留防洪库容对应的水位，8 月可继续蓄水至正常蓄水位；对于承担有配合长江中下游防洪和本河流防洪双重任务的水库，按防洪任务分时段控制蓄水位，一般 7 月底可蓄至不超过为中下游预留防洪库容对应的水位，结合两方面防洪任务选定 8～9 月可开始或继续蓄水的时间。对于三峡水库，在确保防洪安全和对泥沙影响不大的前提下，水库可在 9 月中旬开始蓄水，为应对流域性枯水，可根据实时的水情、沙情，在 9 月中旬之前先预报预蓄一部分水量，蓄水期间要兼顾下游用水需求下泄流量，分段控制 9 月蓄水位上升进程，10 月底可蓄满。

一般来水年景下，金沙江下游溪洛渡、向家坝梯级水库可于 9 月中旬由汛期限制水位蓄水至正常蓄水位；三峡水库于 9 月 10 日开始蓄水，9 月底控制蓄水位 165 m，10 月底可蓄至 175 m。上游其他控制性水库目前采用的蓄水初步安排如下：金沙江中游梯级水库，雅砻江二滩、锦屏一级水库等于 8 月初开始由汛期限制水位蓄至正常蓄水位；瀑布沟水库于 10 月初由汛期限制水位蓄水至正常蓄水位；岷江紫坪铺水库于 10 月初由汛期限制水位蓄水至正常蓄水位；嘉陵江亭子口、草街水库于 9 月初由汛期限制水位蓄水至正常蓄水位；

乌江梯级构皮滩、思林、沙沱、彭水水库汛前开始蓄水，9 月上旬开始上蓄至正常蓄水位。

3）近年水库群联合调度方案

《2018 年长江上中游水库群联合调度方案》和《2019 年长江流域水工程联合调度运用计划》提出的本书研究范围内控制性水库群的蓄水安排如下：金沙江中游梨园、阿海、金安桥、龙开口、鲁地拉水库，雅砻江梯级锦屏一级、二滩水库 8 月 1 日起蓄；金沙江下游溪洛渡、向家坝水库，嘉陵江亭子口、草街水库，乌江梯级构皮滩、思林、沙沱、彭水水库原则上 9 月 1 日起蓄；金沙江中游观音岩水库，岷江紫坪铺、瀑布沟水库，嘉陵江碧口、宝珠寺水库原则上 10 月 1 日起蓄；三峡水库 9 月 10 日起蓄，预蓄不超 150～155 m。

综上，本书主要对象溪洛渡、向家坝、三峡水库蓄水方式研究过程示意图如图 1.1 所示。

图 1.1　溪洛渡、向家坝、三峡水库蓄水方式研究过程示意图

1.3　长江上游水库群概况

1.3.1　长江上游水库群范围

1）水库群范围

本书研究范围为现状成库水平下对长江中下游防洪和水资源调度影响较大的长江上游干支流控制性水库，主要参数和分布见图 1.2 和表 1.2。

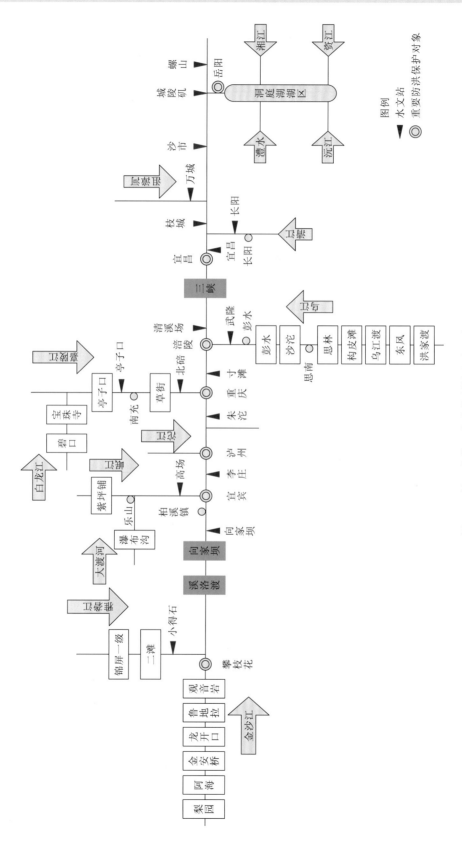

图 1.2 长江上游干支流控制性水库示意图

表 1.2　长江上游干支流控制性水库基本情况表

河流	梯级水库名称	正常蓄水位/m	死水位/m	调节库容/亿 m³	防洪库容/亿 m³	装机容量/MW	蓄水时间
金沙江中游	梨园水库	1 618.0	1 605.0	1.73	1.73	2 400	8 月 1 日起蓄
	阿海水库	1 504.0	1 492.0	2.38	2.15	2 000	8 月 1 日起蓄
	金安桥水库	1 418.0	1 398.0	3.46	1.58	2 400	8 月 1 日起蓄
	龙开口水库	1 298.0	1 290.0	1.13	1.26	1 800	8 月 1 日起蓄
	鲁地拉水库	1 223.0	1 216.0	3.76	5.64	2 160	8 月 1 日起蓄
	观音岩水库	1 134.0	1 122.3	5.55	5.42	3 000	10 月 1 日起蓄
	小计			18.01	17.78	13 760	
雅砻江	锦屏一级水库	1 880.0	1 800.0	49.11	16.00	3 600	8 月 1 日起蓄
	二滩水库	1 200.0	1 155.0	33.70	9.00	3 300	8 月 1 日起蓄
	小计			82.81	25.00	6 900	
金沙江下游	溪洛渡水库	600.0	540.0	64.62	46.51	13 860	原则上 9 月 1 日起蓄
	向家坝水库	380.0	370.0	9.03	9.03	6 400	原则上 9 月 1 日起蓄
	小计			73.65	55.54	20 260	
岷江（含大渡河）	紫坪铺水库	877.0	817.0	7.74	1.67	760	10 月 1 日起蓄
	瀑布沟水库	850.0	790.0	38.94	11.00	3 600	10 月 1 日起蓄，预报岷江及大渡河流域无明显降雨过程，经批准提前至 9 月中下旬起蓄
	小计			46.68	12.67	4 360	
嘉陵江（含白龙江）	碧口水库	704.0	685.0	1.46	1.03	300	10 月 1 日起蓄
	宝珠寺水库	588.0	558.0	13.40	2.80	700	10 月 1 日起蓄
	亭子口水库	458.0	438.0	17.32	14.4	1 100	9 月 1 日起蓄
	草街水库	203.0	202.0	0.65	1.99	500	9 月 1 日起蓄
	小计			32.83	20.22	2 600	
乌江	洪家渡水库	1 140.0	1 076.0	33.61	1.56	600	9 月 1 日起蓄
	东风水库	970.0	936.0	4.91	0	695	汛前蓄水
	乌江渡水库	760.0	736.0	9.28	0	1 250	汛前蓄水
	构皮滩水库	630.0	590.0	29.02	4.00	3 000	9 月 1 日起蓄
	思林水库	440.0	431.0	3.17	1.84	1 050	9 月 1 日起蓄
	沙沱水库	365.0	353.5	2.87	2.09	1 120	9 月 1 日起蓄
	彭水水库	293.0	278.0	5.18	2.32	1 750	9 月 1 日起蓄
	小计			88.04	11.81	9 465	
三峡水库以上合计				342.02	143.02	57 345	
长江干流	三峡水库	175.0	145.0	165.00	221.50	22 500	9 月 10 日预蓄不超 150 m，9 月 10 日起蓄
总计				507.02	364.52	79 845	

2）水库群蓄水库容分布

（1）梯级水库调节库容分布。本书研究范围内的长江上游干支流控制性水库总调节库容 507.02 亿 m³，其分布情况见表 1.3。从分布来看，长江上游调节能力强的水库主要分布在金沙江下游、长江干流和雅砻江、乌江等支流上。

表 1.3　长江上游干支流控制性水库调节库容分布表

项目	河流							合计
	金沙江中游	雅砻江	金沙江下游	岷江（含大渡河）	嘉陵江（含白龙江）	乌江	长江干流	
调节库容 /亿 m³	18.01	82.81	73.65	46.68	32.83	88.04	165.00	507.02
所占比例 /%	3.55	16.33	14.53	9.21	6.48	17.36	32.54	100.00

（2）梯级水库蓄水库容分布。本书研究范围内的长江上游干支流控制性水库的蓄水库容共 566.87 亿 m³，分布情况见表 1.4。从分布情况看，金沙江和长江干流三峡水库的蓄水任务较重，库容占长江上游总蓄水库容的 1/2 以上，其次为乌江、雅砻江梯级。

表 1.4　长江上游干支流控制性水库待蓄水量分布表

项目	河流							合计
	金沙江中游	雅砻江	金沙江下游	岷江（含大渡河）	嘉陵江（含白龙江）	乌江	长江干流	
蓄水库容 /亿 m³	20.02	82.81	73.65	46.68	34.17	88.04	221.50	566.87
所占比例 /%	3.53	14.61	12.99	8.24	6.03	15.53	39.07	100.00

1.3.2　溪洛渡—向家坝—三峡梯级水库

1. 溪洛渡水电站

溪洛渡水电站是我国"西电东送"的骨干电源点，是长江防洪体系中的重要工程（图 1.3）。工程位于四川省雷波县和云南省永善县境内金沙江干流上，该梯级上接白鹤滩水电站尾水，下与向家坝水库相连。坝址距离宜宾市河道里程 184 km，距三峡水库直线距离为 770 km。溪洛渡水电站控制流域面积 45.44 万 km²，占金沙江流域面积的 96%。多年平均径流量 4 570 m³/s，多年平均悬移质年输沙量 2.47 亿 t，推移质年输沙量为182 万 t。

图 1.3 溪洛渡水电站

溪洛渡水电站开发任务以发电为主,兼顾防洪、拦沙和改善下游航运条件等。工程一方面用于满足华东、华中、南方等区域经济发展的用电需求,实现国民经济的可持续发展;另一方面兴建溪洛渡水库是解决川江河段防洪问题的主要工程措施,配合其他措施,可使川江河段沿岸的宜宾、泸州、重庆等城市的防洪标准显著提高。同时,与下游向家坝水库在汛期共同拦蓄洪水,可减少直接进入三峡水库的洪量,增强了三峡水库对长江中下游的防洪能力,在一定程度上缓解了长江中下游防洪压力。水库正常蓄水位 600.0 m,防洪限制水位 560.0 m,死水位 540.0 m,调节库容 64.62 亿 m^3,防洪库容 46.51 亿 m^3,电站装机容量 13 860 MW,具有不完全年调节能力。

2. 向家坝水电站

向家坝水电站是金沙江干流梯级开发的最下游一个梯级电站(图 1.4),坝址左岸位于四川省宜宾市叙州区,右岸位于云南省水富县,坝址上距溪洛渡河道里程为 156.6 km,下距宜宾市 33 km,距宜昌直线距离为 700 km。向家坝水电站控制流域面积 45.88 万 km^2,占金沙江流域面积的 97%。

图 1.4 向家坝水电站

向家坝水电站的开发任务以发电为主,同时改善通航条件,结合防洪和拦沙,兼顾灌溉,并具有为上游梯级溪洛渡水电站进行反调节的作用。水库正常蓄水位 380.0 m,汛期限制水位为 370.0 m，死水位 370.0 m，调节库容 9.03 亿 m³，防洪发电共用库容 9.03 亿 m³，库容调节系数 0.63%，电站装机 6 400 MW。

3. 长江三峡水利枢纽工程

长江三峡水利枢纽工程（简称三峡工程）是长江干流开发最末一梯级，是长江流域防洪系统中关键性控制工程（图 1.5），于 2010 年成功蓄水至 175 m，标志着水库进入全面发挥设计规模效益阶段。工程位于湖北省宜昌三斗坪、长江三峡的西陵峡中，距下游宜昌站约 44 km。坝址以上流域面积约 100 万 km²，坝址代表水文站为宜昌站，入库站为干流寸滩站、乌江武隆站。宜昌站多年平均流量 14 300 m³/s，多年平均径流量 4 510 亿 m³，多年平均含沙量 1.19 kg/m³，多年平均输沙量 5.3 亿 t。

图 1.5　长江三峡水利枢纽工程

三峡工程正常蓄水位 175.0 m，枯季消落低水位 155.0 m，水库调节库容 165.00 亿 m³；防洪限制水位 145.0 m，防洪库容 221.50 亿 m³。电站装机容量 22 500 MW，多年平均发电量 882 亿 kW·h。

三峡工程紧邻长江防洪形势最为严峻的荆江河段，能直接控制荆江河段洪水来量的 95% 以上及武汉以上洪水来量的 67% 左右。三峡工程建成后，能有效调控长江上游洪水，提高中游各地区防洪能力，特别是使荆江河段防洪形势发生了根本性变化：可使荆江河段达到 100 年一遇的防洪标准，遇超过 100 年一遇至 1 000 年一遇洪水，包括类似历史上最大的 1870 年洪水，可控制枝城站泄量不超过 80 000 m³/s，在荆江分蓄洪区和其他分蓄洪区的配合下，可防止荆江河段发生干堤溃决的毁灭性灾害；城陵矶地区分蓄洪区的分洪概率和分洪量也可大幅度减少；可延缓洞庭湖淤积，长期保持其调洪作用；可降低长江中下游洪水淹没损失，减轻洪水对武汉市的威胁。

1.3.3　梯级水库近年蓄水调度运行实践

1. 2016 年蓄水调度情况

2016 年长江上游流域平均降水量为 917.7 mm，较历年同期正常略偏多，各流域降水时空分布极为不均。1～9 月，溪洛渡水库上游来水总量 1 054.4 亿 m³，比设计多年同期均值偏少 7.4%；三峡水库上游来水总量 3 288.6 亿 m³，比初步设计值 3 563.3 亿 m³ 偏少 7.7%，较三峡水库建库以来同期均值（2003~2015 年）2 976.8 亿 m³ 偏多 10.5%。2016 年三库汛期日均出入库流量、水位过程线如图 1.6~图 1.8 所示。按照长江防汛抗旱总指挥部（简称长江防总）《关于溪洛渡、向家坝水库 2016 年联合蓄水方案的批复》要求：溪洛渡水库于 9 月 1 日开始蓄水，起蓄水位 566.75 m，10 月 8 日蓄水至 599.93 m，蓄水任务完成，蓄水历时 38 天，蓄水总量 39.55 亿 m³；向家坝水库于 9 月 5 日开始蓄水，起蓄水位 373.00 m，9 月 26 日蓄水至 379.5 m，蓄水任务完成，蓄水历时 22 天，蓄水总量 6.03 亿 m³。

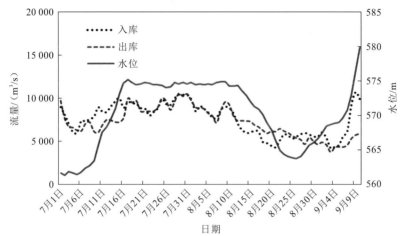

图 1.6　2016 年汛期溪洛渡水库日均出入库流量、水位过程线

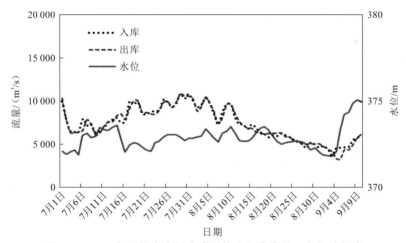

图 1.7　2016 年汛期向家坝水库日均出入库流量、水位过程线

9 月 10 日蓄水前，三峡水库最高蓄水位达到 158.50 m，累计拦蓄洪水 97.76 亿 m³。但受 8 月以来长江上游流域降水偏少，9 月又遭遇上下游来水均偏枯的严峻气候条件，三峡水库入库流量平均仅为 14 500 m³/s，为 1882 年以来的"第 5 枯"月份，导致三峡水库起蓄水位较历史同期偏低。按照国家防总《关于三峡水库 2016 年试验性蓄水实施计划的批复》：三峡水库于 9 月 10 日开始蓄水，起蓄水位 145.96 m；9 月底蓄水至 161.97 m，距离正常蓄水位 13.03 m，待蓄水量 116.6 亿 m³。10 月上中旬入库流量较多年均值偏枯近 40%，

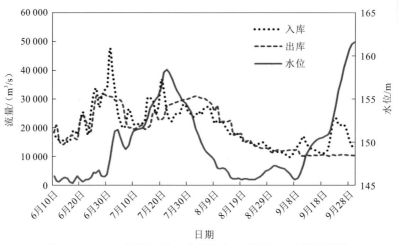

图 1.8　2016 年汛期三峡水库日均出入库流量、水位过程线

与此同时，长江中下游洞庭湖、鄱阳湖水位持续下降，三峡水库根据实时水雨情，统筹兼顾了水库蓄水与下游供水、上游防洪的需求，通过增加下泄缓解下游旱情，保障下游生活、生产、生态用水需求，最小日均下泄流量为 8 000 m^3/s，于 11 月 1 日上午 7 时蓄至 175.00 m，试验性蓄水顺利完成。

2. 2017 年蓄水调度情况

2017 年 1～9 月长江上游流域平均降水量为 889.5 mm，较历年同期正常略偏多，溪洛渡水库上游来水总量 1 073.8 亿 m^3，比设计多年同期均值偏少 5.7%；三峡水库上游来水总量 3 172.5 亿 m^3，比初步设计值偏少 10.9%，较三峡水库建库以来（2003～2016 年）均值偏少 1.2%。2017 年三库汛期日均出入库流量、水位过程线如图 1.9～图 1.11 所示。

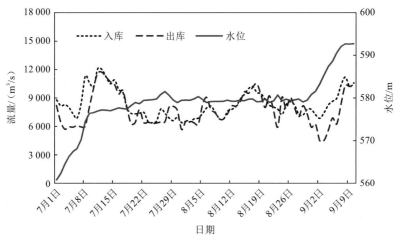

图 1.9　2017 年汛期溪洛渡水库日均出入库流量、水位过程线

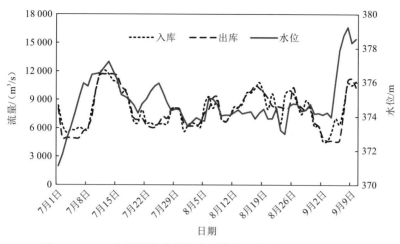

图 1.10 2017 年汛期向家坝水库日均出入库流量、水位过程线

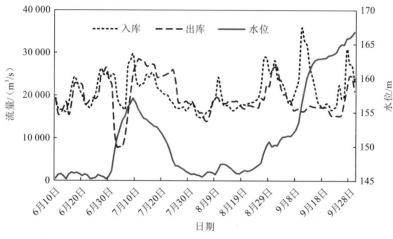

图 1.11 2017 年汛期三峡水库日均出入库流量、水位过程线

按照长江防总《关于溪洛渡、向家坝水库 2017 年联合蓄水方案的批复》及国家防总《关于三峡水库 2017 年试验性蓄水实施计划的批复》要求：溪洛渡水库于 9 月 1 日开始蓄水，起蓄水位 580.79 m，10 月 4 日蓄水至 599.60 m，蓄水历时 34 天；向家坝水库于 9 月 5 日开始蓄水，起蓄水位 374.81 m，9 月 20 日蓄水至 379.58 m，蓄水历时 16 天；三峡水库于 9 月 10 日开始蓄水，起蓄水位 153.50 m，9 月 30 日 8 时蓄至 166.31 m，10 月 21 日 7 时蓄水至 175 m，蓄水历时 42 天，累计水位上升 21.5 m，累计蓄水量 174.85 亿 m³。

蓄水期间，受三峡水库区间连续强降雨和渠江降雨影响，长江防总于 9 月 29 日启动了防汛III级应急响应，以应对长江上游秋汛。三峡水库 10 月 6 日 8 时入库流量 34 800 m³/s，在 2003 年建库以来 10 月最大流量中排名首位。由于国庆期间来水丰、电网负荷较低，为避免三峡水库水位在蓄水期间短时变幅过大、葛洲坝下游水位急剧下降，三峡水库 9 月 30 日夜间起开启泄水设施间断泄水，至 10 月 8 日累计泄水量 14.6 亿 m³，有效控制了上下游水位变幅；同时，为避免库区淹没损失，三峡水库水位持续上涨至 10 月 7 日的 172.54 m

后缓慢下降，控制在 172 m 左右，最终实现了三峡水库自 2010 年以来连续第 8 年实现 175.00 m 蓄水目标，也是三峡工程试验性蓄水以来用时最短、完成时间最早的一次。

3. 2018 年蓄水调度情况

2018 年汛期长江上游流域降水与历年同期相比略偏少，时空分布不均，岷沱江偏多约 5 成，金沙江中下游偏多近 2 成。1～9 月，溪洛渡水库上游来水总量 1 216 亿 m³，比设计多年同期均值偏丰 6.8%；三峡水库上游来水总量 3 659 亿 m³，比初步设计阶段采用的多年同期均值偏丰 2.8%，较三峡水库建库以来（2003～2017 年）均值偏丰 14%。2018 年三库汛期日均出入库流量、水位过程线如图 1.12～图 1.14 所示。

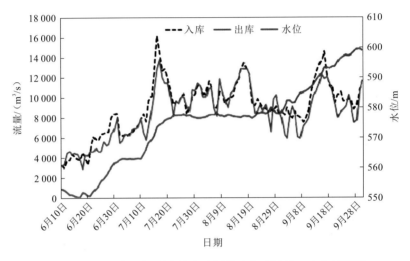

图 1.12　2018 年汛期溪洛渡水库日均出入库流量、水位过程线

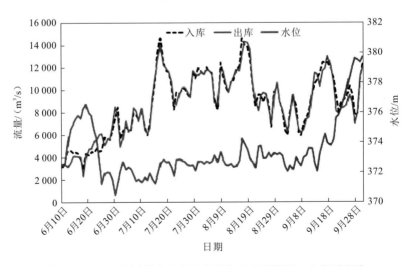

图 1.13　2018 年汛期向家坝水库日均出入库流量、水位过程线

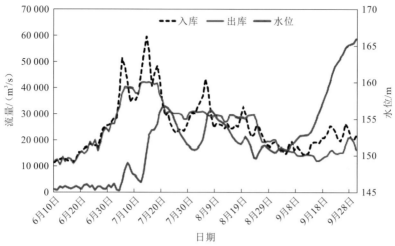

图 1.14 2018 年汛期三峡水库日均出入库流量、水位过程线

按照相关批复要求，溪洛渡、向家坝、三峡水库依次于 9 月 1 日、5 日、10 日正式开始蓄水，起蓄水位分别为 578.66 m、372.16 m、152.63 m。通过合理控制下泄，各库蓄水初期保证了防洪与蓄水的平稳衔接，水位开始稳步抬升。9 月 30 日 8 时，溪洛渡水库蓄水至 599.69 m，完成蓄水任务，蓄水历时 30 天，蓄水总量 26.13 亿 m³；向家坝水库蓄水至 379.70 m，完成蓄水任务，蓄水历时 26 天，蓄水总量 6.88 亿 m³；10 月 31 日 13 时三峡水库蓄水至 175.00 m，顺利蓄满水库，蓄水历时 52 天，蓄水总量 180.42 亿 m³。

4. 2019 年蓄水调度情况

2019 年 1~10 月长江上游流域降水与历年同期相比，总雨量正常，时空分布不均，金沙江中下游、长江上游干流、三峡水库区间偏少近 1 成，乌江降水与往年均值基本持平，嘉陵江、岷沱江偏多 1~2 成不等。1~10 月，溪洛渡水库上游来水总量 1 120 亿 m³，比设计多年同期均值偏枯 21.2%；三峡水库上游来水总量 3 869 亿 m³，比初步设计阶段采用的多年同期均值偏枯 5.4%，较三峡水库建库以来（2003~2018 年）均值偏丰 6.3%。2019 年三库汛期日均出入库流量、水位过程线如图 1.15 所示。

按照水利部及长江水利委员会批复的要求，溪洛渡、向家坝、三峡水库依次于 9 月 1 日、5 日、10 日正式开始蓄水，起蓄水位分别为 555.88 m、371.89 m、146.73 m。通过合理控制下泄，各库蓄水初期保证了防洪与蓄水的平稳衔接，水位开始稳步抬升。9 月 21 日向家坝水库蓄水至 379.53 m，蓄水历时 17 天；10 月 4 日溪洛渡水库蓄水至 599.62 m，蓄水历时 34 天。三峡水库起蓄水位较低，为确保蓄满水库，通过精细调度，利用 9 月 14~21 日出现一场洪峰流量 39 800 m³/s 的洪水过程，拦蓄全部洪水，9 月 20 日库水位快速抬升至 160.50 m，为后续蓄满水库奠定了基础。10 月 31 日 8 时三峡水库蓄水至 175.00 m，顺利蓄满水库，蓄水历时 51 天，蓄水总量 212.92 亿 m³。

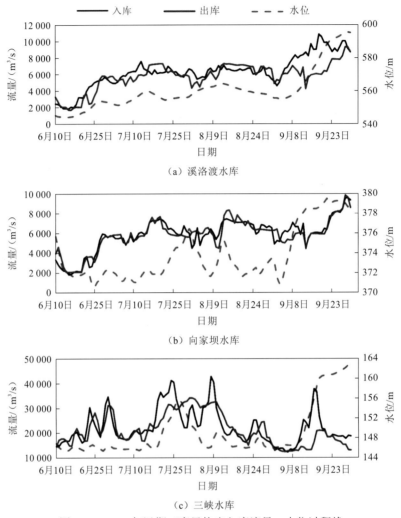

（a）溪洛渡水库

（b）向家坝水库

（c）三峡水库

图 1.15　2019 年汛期三库日均出入库流量、水位过程线

1.4　长江流域水库群联合蓄水调度关键问题

结合国内外文献调研和已开展的工作，梳理当前水库蓄水优化调度研究，特别是长江流域控制性水库群联合蓄水调度方式研究，尚存在一些薄弱环节和技术短板，需要持续进行研究攻关。具体包括以下几点。

（1）长江流域地处东亚季风气候区，水资源具有明显的季节变化特性。在对流域水文气象、暴雨洪水特性充分认识的基础上，进行汛期末段洪水的特性研究，进而可为水库群蓄水时机的判断提供支撑，科学协调解决防洪与兴利矛盾。

（2）气象水文预报是水库群实时调度的重要依据。水文预报精度和有效预见期是水库蓄水调度的关键。通过延长有效预见期、提高预报精度，对流域来水情势进行判断，可为蓄水时机选择、蓄水风险规避等提供有力支撑。同时需要考虑水库群建成投运后对水文情势的影响规律，研究多阻隔条件下的水文气象耦合预报技术。

（3）水库群蓄水次序、蓄水速率、组合策略及联合动态蓄水等方面的研究还有待加强。亟须紧密结合长江上游控制性水库群的建成运用状况，围绕梯级水库群联合蓄水调度问题开展系统、深入的研究，在不增加流域防洪风险的前提下，细化长江上游干支流控制性水库群联合蓄水调度方案，提高梯级水库群汛末蓄满率和综合兴利效益。

（4）从近年溪洛渡、向家坝、三峡水库的蓄水调度实践可以看出，通过承接汛期末段洪水过程和适当优化蓄水进程，溪洛渡、向家坝梯级水库起蓄时间较设计方式有所提前，起蓄水位较设计方式有所抬高，顺利完成了蓄水任务。三峡水库自9月上旬开始承接8月洪水过程，通过预报预蓄抬高阶段蓄水水位，减少了后期蓄水压力，但遭遇来水偏枯年景，特别是9月来水偏枯年份，三峡水库的蓄水形势仍然不容乐观。同时，三峡水库9月蓄水进程也受到诸如防洪安全和电网协调等方面的约束。由此可见，进一步系统总结和分析试验性蓄水工作得失，加强梯级水库群在不同来水组合情景下的联合蓄水优化研究，对充分发挥流域水库群综合效益仍是十分必要的。

1.5　本书主要研究内容

本书研究主要着眼三个需求：一是从长江流域防洪需求出发，在分析汛期末段洪水来水特征、遭遇规律、量级变化等基础上，采取分区蓄水策略，提出溪洛渡、向家坝、三峡水库蓄水时空裕度；二是从长江中下游用水需求和上游蓄水需求出发，提出对三峡水库下泄流量大小和时间过程的调度要求；三是从保障上、下游梯级水库综合利用需求出发，优化溪洛渡、向家坝、三峡水库的蓄水方式，提出动态蓄水方案。评估两个影响：一是长江上游水库群运行对长江干流水位变化的影响；二是水库蓄水对洞庭湖、鄱阳湖出湖水量及湖区水位变化的影响。具体研究内容包括以下几点。

（1）从防洪、水资源综合利用、生态环境保护等方面，厘清川江河段、长江中下游地区蓄水期调度需求。

（2）阐明汛期宜昌以上干支流洪、枯水联合分布规律，提出相应理论分析成果，研究水库群蓄水相关的洪水遭遇和汛末洪水特征。

（3）在分析9月上旬长江中下游洪水遭遇特征和量级衰变规律，以及城陵矶地区防洪需求的基础上，充分挖掘溪洛渡、向家坝水库配合三峡水库联合防洪库容空间，结合汛末防洪任务，由粗到细逐级逐阶段分析各梯级水库的蓄水时机，提高三峡水库9月上旬预报预蓄水位上浮空间。

（4）在明确长江上中游汛末防洪任务和保障流域防洪安全的基础上，通过分析8月中下旬以后宜昌以上来水与中下游来水遭遇规律，提出三库防洪库容总量逐阶段可优化利用空间和总体分配方案，进一步落实蓄水空间在溪洛渡、向家坝、三峡水库的分配方案。

（5）结合中长期来水预报，提出丰、平、枯不同典型来水情况下梯级水库群联合蓄水控制指标，进一步细化和优化三库蓄水水位衔接、汛末蓄水与防洪运用水位衔接等蓄水方式，在避免库区移民淹没损失的基础上，阶梯式提高三峡水库 9 月末蓄水最高控制水位。

（6）评价联合优化蓄水方案下对中下游干流、两湖地区水文情势的影响，分析不同阶段最小下泄流量的保障程度。

第 2 章

梯级水库蓄水期综合需求

　　本章结合溪洛渡、向家坝、三峡水库主要开发任务，层次化分析蓄水期梯级水库下游供水及两湖补水、水生态与环境等方面的需求，提出包括下游主要控制站点，控制断面蓄水期间的水位、流量控制参数，航运要求，洞庭湖、鄱阳湖等补水需求，以及有利于减轻长江口咸潮入侵的下泄流量要求，形成梯级水库调度的约束条件。

2.1 梯级水库在流域开发-管理-保护中的作用

2.1.1 梯级水库建成后长江中下游防洪形势

经过几十年的防洪建设，长江中下游已初步形成了以堤防为基础、三峡水库为骨干，其他干支流水库、蓄滞洪区、河道整治工程及防洪非工程措施相配套的综合防洪体系，防洪能力显著提高。目前，长江流域共建有堤防约 34 000 km，其中：长江中下游超 3 900 km 干堤基本达到 1990 年国务院批准的《长江流域综合利用规划简要报告》（以下简称《简要报告》）确定的标准；为保障重点地区防洪安全，长江中下游干流安排了 40 处可蓄纳超额洪水约 590 亿 m³ 的蓄滞洪区；全面开展了河道整治，长江中下游河势基本稳定；流域内已建成报汛站超过 30 000 个，建立了水情信息采集系统，其他通信预警系统及各种管理法律法规等非工程措施也正逐步完善。

随着三峡工程的投入运行，长江中下游防洪能力有了较大的提高，特别是荆江河段防洪形势有了根本性的改善。长江干支流主要河段现有防洪能力大致达到：荆江河段依靠堤防可防御 10 年一遇洪水，通过三峡水库调蓄，遇 100 年一遇及以下洪水可使沙市站水位不超过 44.50 m，不需启用荆江河段蓄滞洪区；遇 1 000 年一遇或类似 1870 年特大洪水，通过三峡水库的调节，可控制枝城站泄量不超过 80 000 m³/s，配合荆江河段蓄滞洪区的运用，可控制沙市站水位不超过 45.0 m，保证荆江河段行洪安全。城陵矶地区依靠堤防可防御 10~20 年一遇洪水，考虑本地区蓄滞洪区的运用，可防御 1954 年洪水；遇 1931 年、1935 年、1954 年大洪水，通过三峡水库的调节，可减少分蓄洪量和土地淹没，一般年份基本上可不分洪（各支流尾闾除外）。武汉地区依靠堤防可防御 20~30 年一遇洪水，考虑河段上游及本地区蓄滞洪区的运用，可防御 1954 年洪水（其最大 30 日洪量约 200 年一遇）；由于上游洪水有三峡水库的控制，可以避免荆江大堤溃决后洪水对武汉地区的威胁；因三峡水库的调蓄，城陵矶地区洪水调控能力的增强，提高了长江干流洪水调度的灵活性，配合丹江口水库和武汉地区的蓄滞洪区运用，可避免汉口站水位失控。湖口河段依靠堤防可防御 20 年一遇洪水，考虑河段上游及本地区蓄滞洪区比较理想运用，可满足防御 1954 年洪水的需要。

虽然长江流域的防洪能力有了很大的提高，但长江中下游防洪仍面临着如下主要问题：一是长江中下游河道安全泄量与长江洪水峰高量大的矛盾仍然突出，三峡水库虽有防洪库容 221.5 亿 m³，但相对于长江中下游巨大的超额洪量，防洪库容仍然不足，如遇 1954 年大洪水，中下游干流还有大量超额洪量需要妥善安排，而大部分蓄滞洪区安全建设滞后，一旦启用损失巨大；二是长江上游、中下游支流及湖泊防洪能力偏弱，山洪灾害防治还处于起步阶段，防洪非工程措施建设滞后；三是三峡水库及上游其他控制性水利水电工程建成后长江中下游长河段、长时期的冲淤调整，对中下游河势、江湖关系带来一定影响，尚需加强观测，并研究采取相应的对策措施；四是近些年受全球气候变暖影响，长江流域部分地区极端水文气候事件发生频次增加，暴雨强度加大，一些地区洪灾严重；五是流域经济社会与城市化的快速发展，人口与财富集中，一旦发生洪灾，损失巨大。

2.1.2　梯级水电站在电力系统中的地位和作用

溪洛渡、向家坝、三峡梯级水库发电规模巨大，是电力系统的骨干电源。梯级水库的发电调度，对支撑电网供电、维护电力系统安全运行都具有举足轻重的作用，需充分保障用电需求和供电安全，促进国家节能减排和经济发展。

另外，梯级水库在电网电源中装机容量、调节能力所占比重均较大，发电调度和发电计划安排、分配，关系到电网安全稳定运行，也关系到华中、华东及南方各电网电力电量平衡。因此，应在满足防洪、航运、地质灾害治理等方面安全需要的前提下，充分考虑电网运行在不同时段电力电量平衡的特点，给电力调度和发电计划调整以更多的灵活性。

2.1.3　航运现状及航运任务

长江是我国内河航运最发达的河流，是沟通西南、华中和华东地区的运输大动脉。三峡水库建成后，渠化了宜昌至重庆河道，库区的航运尺度加大，水流条件改善，航道运输通过能力显著提高；宜昌以下航道，特别是荆江浅水航道，由于水库的调节作用，增加枯水期流量和水深，对促进长江航运发展起到了不可替代的作用。

为适应长江航运发展需求，交通部门提出要进一步提高长江水系的航道等级和维护尺度，相应大幅提升了相关河段水资源综合利用要求。三峡水库蓄水后，航运条件的改善和库区经济社会发展带动了水运行业的迅猛发展。三峡库区航道单向通过能力由建库前的1 000 万 t 提高到5 000 万 t。三峡库区船舶单位马力拖带能力由成库前的 1.5 t，提高到目前的4～5 t，平均单位能耗由 2002 年的 7.6 kg/（1 000 t·km），下降到目前的2.9 kg/（1 000 t·km），航行时间由建库前的 5～12 天降低到 1.5～3 天。

2.1.4　干流沿江取用水现状与供水任务

长江流域是我国重要的经济区，在我国经济社会发展中占有极其重要的地位。而全流域经济重心在中下游，占流域面积45%的中下游地区的生产总值为全流域的70%以上，形成了以上海、南京为中心的长江下游经济区，以武汉为中心的长江中游经济区。随着经济社会的快速发展，人们生活水平的日益提高，对水资源的需求不断增加，两岸沿江各地需从长江干流大量取水以满足其生产生活的要求。

城镇取水方面：长江中下游各地城镇取水工程取水主要为自来水和企业取水，包括生活、一般工业和火电工业。据调查，除湖南岳阳以外，长江两岸城市生活和工业用水绝大部分取自于长江水源。据调查，由于生活和工业用水的保证率高，取水设施的建设标准高、投入大，沿江各主要城市的生活和工业取水设施均能保证一般和偏枯年景下的取水要求，遇特枯年通过采取延长取水管、深挖引水口、增加抽水设施等措施，能基本保证正常供水。

灌溉取水方面：长江中下游沿江灌溉取水主要通过水闸自流引水，也有部分通过泵站提水。长江中下游沿江灌区农田灌溉需水基本都集中在 4～10 月，其他月份需水很少或不需灌溉，4～10月长江水位的高低决定了灌溉保证率的高低和缺水程度的多少。水闸引水受闸底板高程控制，一般（$P=50\%$）和偏枯（$P=75\%$）年景下，一般闸底板高程低于当地灌溉期（4～10月）低水位，而高于特枯年水位和历史最低水位，缺水现象时有发生。灌区利用泵站提水的供水保证率较高，受枯水影响较小，但遇低水位抽水将大大增加用水成本。

2.1.5　水库投入运行后水生态环境保护要求

水库投入运行后，改变了库区和坝下游河段的水文情势，可能会引起一系列水环境问题。

从水环境、水生态保护需求对社会经济的约束强度来看，分为刚性需求和柔性需求，河道最小生态流量要求是刚性需求，而其他调度目标如重要湿地补水、减轻河口咸潮入侵、保护"四大家鱼"及中华鲟自然繁殖等需求则属于柔性需求。

河道需水方面：首先，考虑沿河道居民正常生活取用水的安全（包括对河道最低水位、流量、水质等的要求），根据水功能区划水质保护目标的要求，推求所需的河道最小流量；其次，考虑满足下游河道水生生物保护的基本需水要求；再次，考虑沿河道工农业取用水、航运的最小需水要求等。综合考虑各方面的要求，前期研究提出在三峡水库蓄水期间，主要控制断面的流量需求分别为宜昌站 5 000 m^3/s，螺山站 6 500 m^3/s，汉口站 7 500 m^3/s，大通站 10 000 m^3/s。

洞庭湖和鄱阳湖等重要湿地生态保护的需求方面：通过研究洞庭湖和鄱阳湖湿地演变的历史过程，探讨江湖关系变化对两湖重要湿地主要生态功能的影响，从促进长江与两湖湿地的连通、有效保护两湖重要湿地生态功能及其生物多样性对水文条件的要求出发，前期研究提出为减轻梯级水库蓄水期调度对两湖湿地植被及越冬珍稀鸟类栖息环境的影响，水库宜适度提前蓄水，延长蓄水过程，将10月两湖水位下降幅度较天然情况控制在 0.5～0.8 m。

减轻长江口咸潮入侵的需求方面：通过收集长江口控制站流量和同时期咸潮入侵资料，分析长江口南北两支咸潮入侵的来源、危害及其规律特征等。对比近年来，尤其是三峡工程建设后的长江入海流量与咸潮入侵记录，进一步探讨咸潮入侵的规律，辨析咸潮入侵与上游来水的关系，提出虽然三峡水库拦蓄水量占下游大通站水量比重不大，但在蓄水期宜保证大通站一定流量，对适度控制咸潮入侵有一定的积极作用。

2.2　蓄水期调度需求

2.2.1　蓄水期防洪需求

长江流域历来暴雨洪水频发，长江上游和支流山丘及河口地带的洪灾，一般具有洪水峰高，来势迅猛，历时短和灾区分散的特点，而中下游平原区是长江流域洪灾最频繁、最严重的地区，也是长江防洪的重点。金沙江下游溪洛渡、向家坝、三峡水库承担了川渝河段沿江重要城市和长江中下游的防洪任务，防洪区域分布范围广，且防洪对象呈现多元化特征。川渝河段防洪主要是通过金沙江溪洛渡、向家坝梯级水库拦洪削峰，长江中下游防洪主要是通过三峡水库拦蓄洪量。

1. 川江河段防洪需求分析

川江河段是指从四川省宜宾市至湖北省宜昌市之间的长江上游河段。其中：重庆以上的 370 km 称为上川江，又称川渝河段，岷江、沱江、嘉陵江和乌江，先后在这里汇入川江，组成庞大的长江上游水系，水量较金沙江增加三倍；重庆以下 660 km 称为下川江，穿越巴山，汹涌澎湃向东奔流。川江河段防洪对象主要为宜宾、泸州和重庆等沿江重要城市，具体情况如下。

（1）宜宾。根据《防洪标准》（GB 50201—2014），宜宾防洪标准为 50 年一遇。宜宾按市区 50 年一遇的标准修建了堤防，柏溪镇及菜坝镇按 20 年一遇的标准修建了堤防。须确保叙州区柏溪镇达到 20 年一遇防洪标准，通过上游水库调蓄，削减 20 年一遇的洪峰（28 000 m³/s）至 10 年一遇标准（25 000 m³/s），采用向家坝水库出库流量进行控制；同时确保主城区翠屏区达到 50 年一遇防洪标准，通过上游水库调蓄，削减 50 年一遇的洪峰（57 800 m³/s）至 20 年一遇（51 000 m³/s），采用李庄站流量进行控制。

宜宾位于金沙江与岷江汇合口，宜宾防洪安全主要与金沙江和岷江洪水遭遇有关。从两江洪水遭遇的次数来讲，主要集中在 7～8 月，9 月岷江与金沙江洪水遭遇概率比较低。但从目前的水文分析成果来看，宜宾洪水在汛期无明显分期特征，如宜宾在 1966 年 9 月初遭遇了自 1949 年以来实测系列中的最大值，且该场洪水以金沙江来水为主，溪洛渡、向家坝水库对宜宾的防洪作用无法替代。因此，建议金沙江梯级为宜宾预留的防洪库容至少应预留至 9 月上旬。根据不同典型年设计洪水调洪分析，结果表明除 1961 年以支流岷江来水为主的典型外，溪洛渡、向家坝水库需要预留的防洪库容不超过 9.1 亿 m³。

（2）泸州。根据《防洪标准》（GB 50201—2014），泸州防洪标准为 50 年一遇。泸州长江北岸高坝工业区和沱江右岸中心城区按 50 年一遇的标准修建了堤防，沱江左岸及长江南岸城区按 20 年一遇的标准修建了堤防。按照防洪标准 50 年一遇控制，通过上游水库拦洪，将 50 年一遇的洪峰削减至 20 年一遇标准。通过上游水库调洪，控制金沙江纳溪区段不超过 51 000 m³/s，但同时也要保证两江汇合口处流量不得超过 52 600 m³/s，确保泸州主城区整体达到 50 年一遇防洪标准，并兼顾纳溪片区防洪。

为保障泸州城区达到 50 年一遇防洪标准，根据金沙江与沱江的洪水遭遇规律，利用两江洪水遭遇量级较小的特点，可考虑使用为宜宾预留的 9.1 亿 m³ 防洪库容，并为泸州防洪单独额外预留出 5.5 亿 m³，用以应对遭遇以沱江来水为主或宜宾—泸州区间来水为主的类型洪水，共计 14.6 亿 m³ 防洪库容，建议预留到 9 月上旬。

（3）重庆。重庆位于长江上游，主城区位于长江与嘉陵江交汇处，两江将主城区分割为南岸、渝中、江北三大片区。根据《防洪标准》（GB 50201—2014），结合淹没区非农业人口和损失的大小，结合城市所处地位的重要性，同时考虑到城区所处的具体地形，拟定重庆主城区防洪标准为 100 年一遇，除主城区外的中心城区重要河段防洪标准为 50 年一遇，一般河段防洪标准为 20 年一遇，采用寸滩站进行控制。此外，还需重点研究三峡水库回水对重庆水位的顶托作用。

对于寸滩站 100 年一遇洪水，仅靠上游溪洛渡、向家坝水库拦蓄不能确保重庆达到 100 年一遇防洪标准，特别是在遭遇以嘉陵江洪水为主的典型时。对于除岷江和嘉陵江来水为主的典型以外，为保证重庆主城区达到 100 年一遇的防洪标准，需要上游溪洛渡、向家坝水库投入的最大防洪库容为 29.6 亿 m^3。寸滩站是三峡水库的入库站，与宜昌洪水有较好的相关性，因此这部分库容的释放需结合川江河段防洪形势和长江中下游防洪需求综合确定，可与为长江中下游预留的防洪库容统一考虑。表 2.1 汇总了川渝河段各防洪对象的控制条件。

表 2.1　川渝河段各防洪对象控制条件

项目	防洪对象		
	宜宾	泸州	重庆
防洪标准	50 年一遇	50 年一遇	100 年一遇
控制条件	李庄站 51 000 m^3/s	朱沱站 52 600 m^3/s	寸滩站 83 100 m^3/s
溪洛渡、向家坝水库预留库容/亿 m^3	9.1	14.6	29.6
涉及水库范围	溪洛渡、向家坝水库（岷江来水为主时，瀑布沟水库适合配合）	溪洛渡、向家坝水库（岷江来水为主时，瀑布沟水库适时配合）	溪洛渡、向家坝水库（岷江、嘉陵江来水较大时，瀑布沟、亭子口水库适时配合）

2. 长江中下游防洪需求分析

长江中下游关注的防洪重点区域主要在荆江河段和城陵矶地区。

（1）荆江河段。荆江河段是长江防洪形势最严峻的河段，历来是长江乃至全国防洪的最重点。自明代荆江大堤基本形成以来，堤内逐步成为广袤富饶的荆北大平原。荆江南岸是洞庭湖平原，万一大堤溃决或被迫分洪，将造成极为严重的洪灾。三峡坝址至荆江河段防洪控制点沙市站间有清江、沮漳河等支流入汇，这些支流有时也会产生较大洪水。为了防洪安全，三峡水库应对这一区间洪水进行补偿调度，结合现有洪水预报预见期，对沙市—宜昌区间洪水进行补偿调度是现实可行的。三峡水库通过对长江上游洪水进行调控，使荆江河段防洪标准达到 100 年一遇；遇 100 年一遇至 1 000 年一遇洪水，包括 1870 年同大洪水时，控制枝城站流量不大于 80 000 m^3/s，配合蓄滞洪区的运用，保证荆江河段行洪安全，避免两岸干堤漫溃发生毁灭性灾害。

荆江河段防洪控制点为沙市站，控制宜昌以上及清江来水，其水位决定了荆江河段的防洪形势，流量反映了荆江河段泄洪能力，也决定了荆江河段遇大洪水时的分洪量，其保证水位为 45.0 m。目前荆江河段两岸堤防已达到设计标准。北岸荆江大堤堤顶高程超设计水位（沙市站水位 45.0 m，相应城陵矶站 34.4 m 的水面线）2.0 m；南岸松滋江堤、荆南长江干堤超设计水位 1.5 m（其中荆南长江干堤下段为荆江分蓄洪区围堤，按蓄洪水位 42.0 m 超高 2.0 m）。对沙市站控制水位根据荆江洪水大小分级拟定，《初步设计报告》中提出的控制原则为：当遇 100 年一遇以下洪水时，按沙市站水位 44.5 m 控制；遇大洪水时，按沙市站保证水位 45.0 m 控制。沙市站控制水位若提高至 45.0 m，将增加城陵矶地区分洪量，对城陵矶地区防洪不利。为充分发挥三峡工程的防洪作用，三峡工程调度运用时，沙市站控制水位仍采用 44.5 m。

沙市站同水位的流量值主要受荆江河段与洞庭湖汇合口城陵矶站水位影响。同样的沙市站水位，城陵矶站水位低，则泄量大；城陵矶站水位高，顶托影响增加，沙市站相应的泄量就小。根据目前沙市站水位-流量关系曲线，沙市站水位 45.0 m，相应城陵矶站 34.4 m 时，沙市站泄量约为 53 000 m³/s，比《简要报告》采用的 50 000 m³/s 略大，枝城站流量约为 60 600 m³/s。沙市站水位 44.5 m，相应城陵矶站 33.95 m 时，沙市站泄量约 50 000 m³/s，枝城站流量约为 57 300 m³/s，比三峡工程论证阶段采用枝城站控制流量 56 700 m³/s 略大。考虑到下荆江河段蜿蜒性特点，以及藕池口的分流能力不断减少，但还没有稳定，发展到一定程度又会减少沙市站泄量，同时考虑河段冲刷水位下降行洪能力可能增大的情况，为求安全起见，考虑近期条件下，保证遭遇 100 年一遇以下洪水时荆江河段防洪安全的河道安全泄量仍采用 56 700 m³/s 控制，沙市站水位 45.0 m（相应城陵矶站 34.4 m）时的泄量仍采用历次规划采用值 50 000 m³/s（计入松滋、太平两口分流流量后为 60 600 m³/s）。

（2）城陵矶地区。城陵矶地区受长江干流和洞庭四水[①]洪水的共同影响，是长江中下游流域洪灾最频发的地区，区域周围分布着众多蓄滞洪区，一旦启用，损失较大。对于城陵矶地区防洪，仅靠溪洛渡、向家坝水库与三峡水库联合调度并不能够彻底解决问题，因此防洪控制条件比较模糊，但目标比较清晰，即最大限度地减少该地区的分洪量。在实际调度中，三峡水库联合上游水库，根据城陵矶地区防洪要求，考虑长江上游来水情况和水文气象预报，适度调控洪水，减少城陵矶地区分蓄洪量。

城陵矶地区防洪控制点为城陵矶（莲花塘）站，保证水位为 34.4 m。由于该站为一水位站，相应某一水位的泄量根据城陵矶站与螺山站水位相关关系，以及螺山站水位-流量关系查得，所以螺山站水位-流量关系实际上反映了城陵矶地区的泄流能力，直接关系到长江、洞庭湖的防洪形势。前期研究成果表明，现状水位-流量关系线与《简要报告》采用成果相比，在中低水，同流量水位有所抬高，随着螺山站流量的逐渐增大，抬高值减小。

三峡工程可行性研究阶段，在研究对城陵矶地区补偿调度时，控制城陵矶站水位 34.4 m，相应螺山站流量采用 60 000 m³/s。根据 1980～2002 年大水年螺山站实测的水位-流量资料分析，在城陵矶站流量为 60 000 m³/s 时，水位为 32.4～34.6 m，平均水位为 33.5 m。城陵矶（莲花塘）站至螺山站落差为 0.95 m，相应城陵矶站水位 34.4 m 时，螺山站水位为 33.45 m，与 33.5 m 相差不大，即可认为城陵矶站水位 34.4 m，相应螺山站流量约为 60 000 m³/s。三峡水库蓄水运用后，螺山站水位-流量关系总体变化不大，且随着三峡工程运行，中下游河道冲刷，泄流能力会有所增大，考虑实测流量中顶托影响因素，仍沿用三峡工程论证阶段采用的城陵矶站控制泄量，按约 60 000 m³/s 计。

目前城陵矶地区两岸堤防已达设计标准。为增强城陵矶地区洪水调度的灵活性，北岸监利、洪湖江堤（龙口以上）、两岸岳阳长江干堤堤顶高程比《简要报告》规定再增加 0.5 m，堤顶超高采用 2.0 m，堤防防御洪水的安全度大大提高。

（3）武汉地区。武汉市位于江汉平原东部，长江与汉江出口交汇处，内联九省，外通海洋，承东启西，联系南北，是我国内地最大的水、陆、空交通枢纽，素有"九省通衢"之称。长江与汉江将武汉市分割为汉口、武昌、汉阳三片，防洪自成体系。武汉市区规划

---

① 洞庭四水指的是湘江、资江、沅江和澧水。

堤防总长 195.77 km，按相应汉口站水位 29.73 m 超高 2 m 加高加固。

武汉地区防洪控制点为汉口站，保证水位为 29.73 m。防洪规划实施后，堤防防御标准为 20～30 年一遇，更大的洪水依靠分蓄洪来控制，在规划的蓄滞洪区理想运用条件下，可防御 1954 年洪水（对应汉口站最大 30 日洪量约 200 年一遇），三峡工程建成后，可减少蓄滞洪区使用机会，进一步提高其防洪能力。

《简要报告》中考虑武汉市地位的重要性，汉口站分洪控制水位采用 29.5 m，相应泄量采用 71 600 m³/s。根据目前汉口站水位-流量关系分析，汉口站水位 29.5 m 时，相应泄量约为 73 000 m³/s，比《简要报告》采用的 71 600 m³/s 略大。

2.2.2　蓄水期水资源综合利用需求

长江上游水库的开发任务多以发电为主，兼有航运、灌溉等综合利用要求。随着经济社会发展，对于三峡水库这样的重要工程节点，保障或改善下游供水和生态环境，也成为新时代的新要求。

1. 川江河段水资源综合利用需求

1）航运方面需求

根据《金沙江溪洛渡水电站可行性研究报告》，屏山境内和宜宾境内的金沙江航道流量应满足最小通航流量要求，按照航运部门有关规范规定，金沙江航道的最小航运流量为保证率 98% 的天然日径流。据统计，屏山站保证率 98% 的天然日径流约为 1 200 m³/s，因此，为满足下游航运需求，溪洛渡、向家坝水电站的最小下泄流量应不小于 1 200 m³/s。

2）供水方面需求

2007 年 12 月，长江勘测规划设计研究有限责任公司、中国水电顾问集团成都勘测设计研究院联合编制了《金沙江溪洛渡水电站水资源论证报告书》，该报告书对建设项目所在区域水资源状况及其开发利用情况、建设项目取用水合理性、取水水资源可靠性和可行性、取退水对区域水资源、水功能区、水环境及其他用水户的影响等进行了分析论证；提出了合理的水资源保护措施和取用水影响补偿建议，得出了溪洛渡水电站最小下泄流量不小于 1 200 m³/s 的结论。

水利部长江水利委员会行政许可决定（长许可〔2008〕73 号）关于《金沙江溪洛渡水电站水资源论证报告书》的审查意见认为溪洛渡水电站采取最小下泄流量 1 200 m³/s 的措施并修建向家坝水电站反调节梯级后，可以减轻或消除不利影响，下游不会形成脱水河段，可作为溪洛渡水电站取水许可审批的技术依据。

2. 长江中下游水资源综合利用需求

1）航运、发电方面需求

航运调度的任务是保障三峡水利枢纽通航设施的正常运用，以及航运安全和畅通。根据航运部门要求，三峡水利枢纽上游最高通航水位 175.0 m，最低通航水位 144.9 m。下游最高通航水位 73.8 m，一般情况下，下游通航水位不低于 63.0 m，最大通航流量为 56 700 m³/s。葛洲坝航道下游庙嘴站设计最低通航水位不应低于 39.0 m。

蓄水期间来水较枯导致无法完成蓄水任务，将影响后续发电计划的执行。此外，水库汛期由按防洪限制水位控制满负荷发电运行转向汛末蓄水，为保证电力系统的平稳运行，需控制蓄水前后水电站出力变化幅度。

综上，航运、发电方面主要为运行管理需要，从供电计划和航道运行条件来看都希望蓄水前后来水变化尽可能平稳过渡，避免流量下降过快。

2）两湖地区水位需求

（1）洞庭湖区。在天然情况下，9～10 月为长江干流和洞庭湖区由汛期过渡到枯水期的时段，而此时是三峡水库等上游水库的蓄水期，若下泄流量削减过快，长江干流的水位急剧下降，将造成湖区出流增加，可能使荆江三口部分河道的断流时间提前和延长。若此时又遭遇湘江枯水，对长株潭地区供水将带来影响。

枯水期增加荆江三口上游长江干流枝城站流量（尤其是 1～2 月），提高长江干流的水位，有利于维持湖区的枯水水位。因此，洞庭湖区综合治理希望三峡水库在蓄水时，蓄水过程不要太集中，在枯水时能加大泄量以抬高长江水位。

综合考虑，为应对洞庭湖区和湘江 10 月的枯水，三峡水库的蓄水过程应尽可能放缓，在防洪安全的前提下，考虑在长江干流来水还尚丰沛的 9 月多安排一些蓄水任务，使干流水位下降的过程尽可能模拟天然下降过程，遇枯水年份要控制蓄水进度，保持一定的下泄流量。

（2）鄱阳湖区。鄱阳湖区过境水量丰富，但天然状况下水位变幅大，湖区水位变幅自北向南递减。多年最高、最低水位差可达 10.3～16.7 m，呈高水是湖、低水是河的特性。

三峡水库蓄水期间若又遭遇"五河"降水偏少，湖区水位降低，给生活、生产用水带来不同程度的影响；同时，三峡水库如果集中在 10 月蓄水，流量削减过快会使长江水位降低过快，导致鄱阳湖退水加快、洲滩水位不同程度降低，洲滩提前和加快露出水面，使连续显露的天数也将相应增加，对过冬候鸟不利。因此，希望三峡水库等上游水库蓄水过程都不要太集中，在蓄水时以缓慢减少下泄流量的调度方式运行，来减缓水库调度对鄱阳湖区的影响。

综上，下游两湖地区对蓄水期间的要求，主要表现在蓄水期间干流水位和各支流水位的相互关系上。三峡水库 9～10 月蓄水时，正值干流天然来水减少，水位逐步下降的时期。而两湖地区也处在汛期向枯水期过渡的关键时期，如干流水位下降过于集中和过快，都可能造成各类生活、生产用水和生态环境的不适应。从两湖地区需求看，希望水位下降过程尽可能平稳，即流量削减过程平稳逐步减少，尽可能模拟水位天然下降过程。

3）供水、生态及长江口压咸要求

供水方面：长江在枯水期来水较少，来水最枯的 2 月宜昌站多年平均流量仅约 4 000 m³/s，特枯年份甚至小于 3 000 m³/s，因此，沿江取水设施的取水保证率一般均很高。9～10 月是汛期向枯水期逐步过渡的时期，天然来量逐步减小，由于上游水库待蓄水量大，如果蓄水过程短，蓄水位上升速度快，将使蓄水前后下泄流量变化过大，对下游用水会产生影响。为应对蓄水期间来水偏枯的情况，兼顾下游生产、生活和生态用水需求，用水方面提出三峡水库 9 月提前蓄水期间最小下泄流量 8 000～10 000 m³/s。

生态方面：长江中下游干流河道最小生态环境需水的要求主要考虑维持河道中现有水生生物基本栖息地需水、河道景观需水、河流自净需水等。从协调水资源开发利用与生态环境保护的关系出发，按照有关规定，江河河道水体的纳污能力计算，设计水量一般采用上游来水量 90%保证率的最枯月平均流量。同时，根据长江中下游干流及主要附属湖泊的生态水文需求，建议在三峡水库蓄水期的 11 月中下旬，控制三峡水库下泄流量满足一定变幅要求，水温在 17～20 ℃，且为满足中华鲟自然繁殖创造持续约 1 天时间的流量需求。

长江口咸潮入侵是因潮汐活动引起的、长期存在的自然现象，一般发生在枯季 11 月～次年 4 月，其中 1～3 月含氯度超标的天数较多。咸潮入侵的成因非常复杂，受河口形态、潮差和上游径流量等多重因素的共同影响。长江口地区径流特征基本可以用大通站实测资料来代表，同时大通站流量与长江口吴淞含氯度具有良好的相关关系，随大通站的流量增加，长江口吴淞含氯度降低。长江口重要饮用水源地取水的要求为取水水域的含氯度小于 2.5×10^{-4}。一般情况下，当大通站流量为 13 000 m³/s 左右时，吴淞水域的含氯度可达此标准。若遇区间来水较枯时，需要的三峡水库下泄流量为 6 000～9 000 m³/s。水库群蓄水情况理想，可在咸潮高发的枯水期向下游补水；但在水库蓄水期，由于蓄水任务大，若遇枯水年的 10～11 月下泄流量减少后，河口段咸潮入侵时间可能提前，且历时加长。因此，三峡水库提前蓄水期间，如遇下游来水特枯的情况，为避免长江口发生咸潮入侵，应使大通站流量最低不小于 10 000 m³/s。

2.3　水库（群）蓄水期运行约束

2.3.1　水库（群）蓄水期防洪库容预留要求

长江上游干支流控制性水库汛期预留防洪库容 364.52 亿 m³，分布情况见表 2.2。

表 2.2　长江上游干支流控制性水库汛期预留防洪库容分布表

项目	河流							合计
	金沙江中游	雅砻江	金沙江下游	岷江 （含大渡河）	嘉陵江 （含白龙江）	乌江	长江干流	
防洪库容 /亿 m³	17.78	25.00	55.54	12.67	20.22	11.81	221.50	364.52
所占比例 /%	4.88	6.86	15.24	3.48	5.54	3.24	60.76	100.00

　　梯级水库预留防洪库容过程见表 2.3。针对防洪与蓄水的矛盾，《长江流域防洪规划》和《长江流域综合规划》，提出采取分期预留防洪库容、逐步兴利蓄水方式，即按上游干支流防洪任务、河流径流时空分布等情况，安排各梯级水库分阶段预留防洪库容，在长江中下游防洪较为严峻的主汛期按照汛限水位运行，留足防洪库容，汛期末段随着上下游洪水逐步衰退，在有充分把握的前提下预报预蓄，从而缓解集中蓄水矛盾。

表 2.3　长江上游干支流控制性水库预留防洪库容过程表　　　　（单位：亿 m³）

梯级水库名称	6月			7月			8月			9月		
	上旬	中旬	下旬	上旬	中旬	下旬	上旬	中旬	下旬	上旬	中旬	下旬
梨园水库	—	—	—	1.73	1.73	1.73	—	—	—	—	—	—
阿海水库	—	—	—	2.15	2.15	2.15	—	—	—	—	—	—
金安桥水库	—	—	—	1.58	1.58	1.58	—	—	—	—	—	—
龙开口水库	—	—	—	1.26	1.26	1.26	—	—	—	—	—	—
鲁地拉水库	—	—	—	5.64	5.64	5.64	—	—	—	—	—	—
观音岩水库	—	—	—	5.42	5.42	5.42	2.53	2.53	2.53	2.53	2.53	2.53
锦屏一级水库	—	—	—	16.00	16.00	16.00	—	—	—	—	—	—
二滩水库	9.00	9.00	9.00	9.00	9.00	9.00	—	—	—	—	—	—
溪洛渡水库	—	—	—	46.51	46.51	46.51	46.51	46.51	46.51	46.51	—	—
向家坝水库	—	—	—	9.03	9.03	9.03	9.03	9.03	9.03	9.03	—	—
紫坪铺水库	1.67	1.67	1.67	1.67	1.67	1.67	1.67	1.67	1.67	1.67	1.67	1.67
瀑布沟水库	11.00	11.00	11.00	11.00	11.00	11.00	7.30	7.30	7.30	7.30	7.30	7.30
碧口水库	0.83	1.03	1.03	1.03	1.03	1.03	1.03	1.03	1.03	1.03	1.03	1.03
宝珠寺水库	—	—	—	2.80	2.80	2.80	2.80	2.80	2.80	2.80	2.80	2.80
亭子口水库	—	—	14.40	14.40	14.40	14.40	14.40	14.40	14.40	—	—	—
草街水库	1.99	1.99	1.99	1.99	1.99	1.99	1.99	1.99	1.99	—	—	—
洪家渡水库	1.56	1.56	1.56	1.56	1.56	1.56	1.56	1.56	1.56	—	—	—
东风水库	—	—	—	—	—	—	—	—	—	—	—	—
乌江渡水库	—	—	—	—	—	—	—	—	—	—	—	—
构皮滩水库	4.00	4.00	4.00	4.00	4.000	4.00	2.00	2.00	2.00	—	—	—
思林水库	1.84	1.84	1.84	1.84	1.84	1.84	1.84	1.84	1.84	—	—	—
沙沱水库	2.09	2.09	2.09	2.09	2.09	2.09	2.09	2.09	2.09	—	—	—
彭水水库	2.32	2.32	2.32	2.32	2.32	2.32	2.32	2.32	2.32	—	—	—
三峡水库	—	221.50	221.50	221.50	221.50	221.50	221.50	221.50	221.50	196.10	165.00	92.80
合计	36.30	258.00	272.40	364.52	364.52	364.52	318.57	318.57	318.57	266.97	180.33	108.13

2.3.2 水库（群）蓄水期下泄流量要求

综合《长江流域水资源综合规划》、《长江流域水资源管理控制指标方案》和《长江委水资源局关于提交长江上中游控制性水库最小下泄流量成果的函》等规划、行政法规文件及枢纽工程设计有关研究成果，本书研究涉及的控制性水库蓄水期最小下泄流量需求见表 2.4。

表 2.4 长江上游控制性水库蓄水期最小下泄流量表

河流	梯级水库名称	最小下泄流量
金沙江中游	梨园水库	405 m³/s（日均，当下游阿海水库水位低于 1 500 m 时，最小下泄流量 300 m³/s）
	阿海水库	510 m³/s（日均，当下游金安桥水库水位低于 1 410 m 时，最小下泄流量 350 m³/s）
	金安桥水库	350 m³/s
	龙开口水库	380 m³/s（日均）
	鲁地拉水库	400 m³/s
	观音岩水库	439 m³/s（日均）
雅砻江	锦屏一级水库	最小：122 m³/s（6~11 月）；88 m³/s（12 月~次年 5 月）
	二滩水库	401 m³/s（日均）
金沙江下游	溪洛渡水库	1 200 m³/s
	向家坝水库	1 200 m³/s
岷江	紫坪铺水库	129 m³/s
	瀑布沟水库	188 m³/s（最小）；327 m³/s（日均）
嘉陵江	碧口水库	和下游麒麟寺水库联合调度，满足下游白水街断面最小下泄流量不小于 83.9 m³/s
	宝珠寺水库	85.1 m³/s（日均、最小）
	亭子口水库	124 m³/s（日均）
	草街水库	327 m³/s
乌江	洪家渡水库	—
	东风水库	—
	乌江渡水库	—
	构皮滩水库	190 m³/s（日均）
	思林水库	193 m³/s
	沙沱水库	228 m³/s（日均、最小）
	彭水水库	280 m³/s（日均）
长江干流	三峡水库	9 月：8 000~10 000 m³/s；10 月：一般≥8 000 m³/s；11~12 月：控制庙嘴站水位 39.0 m 且发电出力不小于保证出力

第 3 章

梯级水库蓄水期水文特性

　　本章分析汛期末段长江（金沙江）与上游雅砻江、岷沱江、嘉陵江、乌江，长江中下游清江、洞庭湖洪水的峰量与过程要素遭遇组合、量级变化等时空分布特性；厘清蓄水期的来水年内年际变化规律和径流演变趋势，分析典型枯水年上下游丰枯关联性，为实现分区蓄水策略优化、制定梯级水库联合蓄水方案提供水文支撑。

3.1　洪水时空分布与遭遇组合特征

3.1.1　洪水时空分布与遭遇组合分析方法

长江流域洪水主要由暴雨形成。按暴雨地区分布情况，长江洪水可分为流域性大洪水、区域性大洪水两种类型。一般年份长江流域上下游、干支流洪峰相互错开，中下游干流可顺序承泄干支流洪水，不致造成大洪水；但遇气候反常，上游洪水提前或中下游洪水延后，长江上游洪水与中下游洪水遭遇，形成流域性大洪水。上游干支流洪水相互遭遇或中游汉江、洞庭湖等支流区间发生强度特别大的集中暴雨可形成区域性大洪水。此外，山丘区短历时、小范围大暴雨可引发局部突发性洪水，长江河口三角洲地带受台风、风暴潮影响严重。

长江洪水发生时间一般下游早于上游，江南早于江北。鄱阳湖、洞庭湖水系和清江一般为 4~8 月，乌江为 5~8 月，金沙江下游和四川盆地各水系为 6~9 月，汉江则为 7~10 月。长江上游干流洪水主要发生时间为 7~9 月，中下游干流因承泄上游和中下游支流的洪水，汛期为 5~10 月。在考虑洪水传播时间的基础上：若两江洪水过程的洪峰 Q_m（最大日平均流量）同日出现，即为洪峰遭遇；若最大时段洪量过程（W）超过 1/2 时间重叠，即为洪水过程遭遇。

3.1.2　长江上中游干支流汛期洪水特性与遭遇规律

1. 金沙江与雅砻江洪水遭遇规律

分别统计 1965~2016 年小得石站、攀枝花站、屏山站年最大洪水发生的时间，以及屏山站年最大洪水发生时相应小得石站和攀枝花站出现年最大洪水的次数，分析得到小得石站和攀枝花站年最大洪水遭遇的次数（表 3.1）。由表可以看出：在小得石站、攀枝花站实测系列中，随着洪水历时增加，遭遇频率有所增加；当屏山站发生大洪水时，随着洪水历时增加，小得石站、攀枝花站相应出现的频率也随之增加，且小得石站与攀枝花站遭遇频率随之增加，由此可见，雅砻江洪水与金沙江中游洪水遭遇频率较高；当屏山站发生大洪水时，相应小得石站出现大洪水的频率也较高。

表 3.1　金沙江与雅砻江洪水遭遇统计表

项目	年最大 1 日		年最大 3 日		年最大 7 日		年最大 15 日	
	次数	频率/%	次数	频率/%	次数	频率/%	次数	频率/%
屏山站发生洪水时，小得石站相应出现	18	35	32	62	39	75	43	83
屏山站发生洪水时，攀枝花站相应出现	14	27	25	48	36	69	43	83
小得石站与攀枝花站洪水遭遇	11	21	20	38	28	54	34	65

雅砻江小得石站与金沙江攀枝花站洪水遭遇的典型年量级情况见表 3.2～表 3.4。从表可以看出，典型遭遇年份，当小得石站、攀枝花站年最大 1 日洪水遭遇时，叠加区间洪水后屏山站年最大 1 日洪水均小于 10 年一遇；1974 年小得石站年最大 3 日洪水小于 5 年一遇，攀枝花站年最大 3 日洪水小于 10 年一遇，叠加区间洪水后，屏山站年最大 3 日洪水达到 10～20 年一遇；1966 年小得石站年最大 7 日洪水为 5～10 年一遇，攀枝花站年最大 7 日洪水达到 30～50 年一遇，叠加区间洪水后，屏山站年最大 7 日洪水达到 30 年一遇。

表 3.2 小得石站与攀枝花站年最大 1 日洪水遭遇典型年量级表

年份	屏山站			小得石站			攀枝花站		
	洪量/亿 m³	起始日期	重现期/年	洪量/亿 m³	起始日期	重现期/年	洪量/亿 m³	起始日期	重现期/年
1965	19.9	8 月 12 日	<10	8.99	8 月 10 日	10	6.59	8 月 10 日	<5
1974	22.0	9 月 3 日	<10	7.28	9 月 1 日	<5	8.14	9 月 1 日	<10
1993	18.9	9 月 1 日	5	7.93	8 月 30 日	5～10	9.76	8 月 30 日	10～20
2001	18.2	9 月 6 日	<5	9.32	9 月 4 日	10～20	6.89	9 月 4 日	<5

表 3.3 小得石站与攀枝花站年最大 3 日洪水遭遇典型年量级表

年份	屏山站			小得石站			攀枝花站		
	洪量/亿 m³	起始日期	重现期/年	洪量/亿 m³	起始日期	重现期/年	洪量/亿 m³	起始日期	重现期/年
1974	64.5	9 月 2 日	10～20	21.2	8 月 30 日	<5	23.8	8 月 31 日	<10
1991	55.0	8 月 17 日	<10	21.7	8 月 15 日	5	25.1	8 月 15 日	<10
1993	54.7	8 月 31 日	<10	22.5	8 月 29 日	<10	27.9	8 月 30 日	10～20
2001	54.4	9 月 4 日	<10	25.7	9 月 2 日	10	19.5	9 月 3 日	<5

表 3.4 小得石站与攀枝花站年最大 7 日洪水遭遇典型年量级表

年份	屏山站			小得石站			攀枝花站		
	洪量/亿 m³	起始日期	重现期/年	洪量/亿 m³	起始日期	重现期/年	洪量/亿 m³	起始日期	重现期/年
1966	163	8 月 29 日	30	46.3	8 月 28 日	5～10	69.9	8 月 27 日	30～50
1974	139	8 月 31 日	10～20	44.2	8 月 29 日	<5	52.6	8 月 28 日	<10
1991	117	8 月 13 日	<5	44.3	8 月 11 日	<5	51.5	8 月 13 日	<10
1993	119	8 月 28 日	<10	49.5	8 月 26 日	5～10	59.7	8 月 27 日	10～20
2000	111	8 月 31 日	<5	45.6	8 月 27 日	5～10	50.8	8 月 30 日	<10
2001	121	9 月 1 日	<10	56.9	8 月 30 日	10～20	43.5	8 月 31 日	<5
2002	121	8 月 15 日	<10	40.3	8 月 13 日	<5	48.2	8 月 13 日	<10

2. 金沙江与岷江洪水遭遇规律

金沙江洪水由上游融雪加中下游暴雨洪水形成，涨落平缓，一次洪水过程中涨落变幅小，持续时间长、洪量大。洪水主要来自金沙江左岸支流雅砻江下游及石鼓、小得石至屏山区间。岷江洪水由暴雨形成，洪峰高、涨落快，持续时间相对较短。分别统计 1951～2016 年屏山站、高场站、李庄站年最大洪水发生的时间，李庄站年最大洪水发生时相应屏山站和高场站出现年最大洪水的次数，屏山站与高场站年最大洪水遭遇的次数，见表3.5。由表可以看出：在屏山站与高场站实测系列中，年最大1日洪水有2年发生了遭遇，占3.0%；年最大3日洪水有4年发生了遭遇，占6.1%；年最大7日洪水有9年发生了遭遇，占13.6%。

表3.5　金沙江与岷江洪水遭遇统计表

项目	年最大1日		年最大3日		年最大7日	
	次数	频率/%	次数	频率/%	次数	频率/%
李庄站发生洪水时，屏山站相应出现	7	10.6	23	34.8	41	62.1
李庄站发生洪水时，高场站相应出现	25	37.9	23	34.8	17	25.8
屏山站与高场站洪水遭遇	2	3.0	4	6.1	9	13.6

金沙江屏山站与岷江高场站洪水遭遇的典型年量级情况见表3.6。可以看出，除1966年洪水以外，其余遭遇年份洪水量级均较小，组合的洪水量级也不大。1966年9月洪水，金沙江和岷江年最大3日洪水分别相当于33年和5~10年一遇洪水，组合的洪水达50年一遇，是两江遭遇的典型。2012年7月洪水，金沙江与岷江年最大洪水遭遇，尽管洪水量级都不大，但组合后形成李庄站洪水洪峰达到48 400 m³/s，为实测第三大洪水。

表3.6　屏山站与高场站洪水遭遇典型年量级表

项目	年份	屏山站			高场站		
		洪量/亿 m³	起始日期	重现期/年	洪量/亿 m³	起始日期	重现期/年
年最大1日	1966	24.7	9月1日	33	20.8	9月1日	5~10
	2012	14.3	7月22日	<5	15.1	7月23日	<5
年最大3日	1966	73.7	8月31日	33	53.0	8月31日	5~10
	1971	33.6	8月17日	<5	27.9	8月16日	<5
	1992	26.3	7月13日	<5	27.1	7月14日	<5
	2012	42.5	7月22日	<5	36.5	7月22日	<5
年最大7日	1960	81.1	8月3日	<5	96.0	7月31日	5~10
	1966	163.1	8月29日	近50	96.6	8月30日	5~10
	1967	55.5	8月8日	<5	52.3	8月8日	<5
	1971	72.1	8月15日	<5	51.8	8月12日	<5
	1976	77.7	7月6日	<5	50.4	7月5日	<5
	1991	117.1	8月13日	5	82.4	8月9日	<5
	1994	60.0	6月21日	<5	38.6	6月20日	<5
	2005	115.0	8月11日	<5	61.3	8月8日	<5
	2006	58.4	7月8日	<5	32.5	7月5日	<5

3. 金沙江与沱江洪水遭遇规律

沱江上游为著名的鹿头山暴雨区,洪水主要由暴雨形成,一般具有产流快、汇流迅速、涨落快、洪水历时不长,但涨幅大、洪峰高、洪量大、洪水冲击强烈的特点,常出现在 7～8 月,也有少数洪水出现在 6 月上旬及 9 月中旬。洪水峰型多为单峰型,全过程 5～8 天,高峰持续时间 2 h 左右。以富顺站(李家湾)为沱江代表站,统计分析 1951～2016 年金沙江屏山站与沱江富顺站洪水遭遇次数和频率见表 3.7,年最大 1 日洪水有 2 年发生了遭遇,占 3.0%;年最大 3 日洪水有 5 年发生了遭遇,占 7.6%;年最大 7 日洪水有 7 年发生了遭遇,占 10.6%。可见年最大 1 日、年最大 3 日洪水金沙江屏山站与沱江富顺站遭遇频率较低。

表 3.7　屏山站与富顺站洪水遭遇次数与频率表

站名	年最大 1 日		年最大 3 日		年最大 7 日	
	次数	频率/%	次数	频率/%	次数	频率/%
屏山站与富顺站	2	3.0	5	7.6	7	10.6

金沙江屏山站与沱江富顺站洪水遭遇的典型年量级情况见表 3.8。从遭遇洪水的量级上看,富顺站除 1959 年、1960 年、2012 年遭遇洪水的量级较大外,其余遭遇洪水的量级较小,屏山站除 1991 年和 2005 年遭遇洪水的量级较大外,其余遭遇洪水的量级均较小,未见两江同时出现超 5 年一遇洪水遭遇的情况。

表 3.8　屏山站与富顺站洪水遭遇典型年量级表

项目	年份	屏山站			富顺站		
		洪量/亿 m³	起始日期	重现期/年	洪量/亿 m³	起始日期	重现期/年
年最大 1 日	1986	15.47	9 月 6 日	<5	2.77	9 月 5 日	<5
	2012	14.34	7 月 22 日	<5	6.86	7 月 23 日	10
年最大 3 日	1971	33.61	8 月 17 日	<5	6.88	8 月 16 日	<5
	1986	42.42	9 月 5 日	<5	6.51	9 月 4 日	<5
	1992	26.26	7 月 13 日	<5	7.65	7 月 14 日	<5
	2005	52.10	8 月 12 日	近 5	7.78	8 月 10 日	<5
	2012	42.51	7 月 22 日	<5	14.38	7 月 22 日	5～10
年最大 7 日	1959	79.00	8 月 12 日	<5	36.20	8 月 10 日	30～40
	1960	81.10	8 月 3 日	<5	27.00	8 月 2 日	10～20
	1971	72.10	8 月 15 日	<5	11.50	8 月 13 日	<5
	1986	88.60	9 月 2 日	<5	9.00	9 月 3 日	<5
	1991	117.10	8 月 13 日	5～10	16.50	8 月 10 日	<5
	1992	59.70	7 月 13 日	<5	12.50	7 月 14 日	<5
	2005	115.00	8 月 11 日	5	14.10	8 月 9 日	<5

4. 长江与嘉陵江洪水遭遇规律

统计 1954~2016 年朱沱站与北碚站及寸滩站最大 1 日、年最大 15 日和年最大 30 日洪水遭遇情况见表 3.9~表 3.12。从表可以看出：朱沱站与北碚站年最大 1 日洪水遭遇频率不高；随着统计时段延长，遭遇频率逐渐升高。

表 3.9　朱沱站与北碚站洪水遭遇次数与频率表

站名	年最大 1 日		年最大 15 日		年最大 30 日	
	次数	频率/%	次数	频率/%	次数	频率/%
朱沱站与北碚站	3	4.76	22	34.9	32	50.8

表 3.10　寸滩站年最大 1 日洪水遭遇统计表

年份	寸滩站			朱沱站			北碚站		
	洪量/亿 m³	起始日期	排位	洪量/亿 m³	起始日期	排位	洪量/亿 m³	起始日期	排位
1968	53.6	7 月 5 日	5	31.2	7 月 4 日	17	24.0	7 月 4 日	13
1980	46.6	8 月 26 日	17	25.9	8 月 25 日	37	19.1	8 月 25 日	34
1983	46.3	8 月 2 日	19	23.1	8 月 1 日	51	25.7	8 月 1 日	11

表 3.11　寸滩站年最大 15 日洪水遭遇统计表

年份	寸滩站			朱沱站			北碚站		
	洪量/亿 m³	起始日期	排位	洪量/亿 m³	起始日期	排位	洪量/亿 m³	起始日期	排位
1957	490.1	7 月 9 日	13	345.5	7 月 9 日	19	153.1	7 月 8 日	21
1958	494.9	8 月 15 日	12	330.8	8 月 21 日	23	166.7	8 月 14 日	10
1962	539.7	8 月 17 日	3	398.6	8 月 17 日	7	125.2	8 月 17 日	33
1964	532.1	9 月 11 日	6	356.3	9 月 9 日	12	168.2	9 月 11 日	9
1965	536.9	7 月 10 日	4	354.7	7 月 9 日	14	158.7	7 月 10 日	15
1966	580.9	8 月 28 日	1	476.6	8 月 28 日	1	106.4	8 月 29 日	44
1970	416.9	7 月 23 日	32	355.9	7 月 22 日	13	69.7	7 月 29 日	55
1971	332.6	8 月 14 日	55	253.9	8 月 13 日	55	62.7	8 月 14 日	59
1974	506.1	9 月 2 日	9	370.9	8 月 30 日	8	154.1	9 月 6 日	19
1982	417.9	7 月 18 日	30	266.9	7 月 19 日	47	153.1	7 月 17 日	20
1983	407.6	7 月 31 日	36	254.7	7 月 31 日	54	164.1	7 月 30 日	11
1987	446.9	7 月 11 日	21	289.2	7 月 16 日	34	156.5	7 月 10 日	17
1992	386.2	7 月 7 日	41	259.0	7 月 7 日	49	127.7	7 月 14 日	30
1996	395.7	7 月 22 日	40	332.4	7 月 21 日	22	44.4	7 月 22 日	63
1997	355.1	7 月 5 日	48	286.9	7 月 5 日	36	47.3	7 月 3 日	60
2003	422.0	8 月 31 日	28	292.6	8 月 31 日	33	138.0	8 月 29 日	26
2004	399.1	9 月 3 日	39	277.3	9 月 2 日	44	110.0	8 月 29 日	42
2006	254.5	7 月 3 日	63	209.2	7 月 7 日	61	45.9	7 月 1 日	61

续表

年份	寸滩站			朱沱站			北碚站		
	洪量/亿 m³	起始日期	排位	洪量/亿 m³	起始日期	排位	洪量/亿 m³	起始日期	排位
2009	415.8	8 月 2 日	33	299.6	7 月 28 日	31	96.1	8 月 1 日	47
2010	500.0	7 月 17 日	10	288.6	7 月 15 日	35	207.1	7 月 16 日	3
2013	481.9	7 月 11 日	14	256.7	7 月 11 日	52	183.7	7 月 10 日	6
2016	290.2	7 月 15 日	60	241.3	7 月 24 日	58	45.6	7 月 20 日	62

表 3.12　寸滩站年最大 30 日洪水遭遇统计表

年份	寸滩站			朱沱站			北碚站		
	洪量/亿 m³	起始日期	排位	洪量/亿 m³	起始日期	排位	洪量/亿 m³	起始日期	排位
1954	1 008.9	7 月 18 日	2	809.8	7 月 30 日	1	206.8	7 月 17 日	25
1957	809.5	7 月 8 日	19	600.6	7 月 11 日	20	208.2	7 月 7 日	24
1958	844.9	8 月 12 日	17	609.3	8 月 12 日	19	229.5	7 月 29 日	15
1959	725.8	7 月 24 日	34	578	7 月 24 日	27	145.0	7 月 21 日	49
1961	877.5	6 月 27 日	11	585.4	6 月 27 日	25	285.1	6 月 20 日	5
1962	918.4	8 月 5 日	5	710.0	8 月 4 日	5	175.4	8 月 6 日	38
1964	922.5	9 月 11 日	4	598.7	9 月 4 日	21	305.2	9 月 9 日	4
1965	895.1	6 月 30 日	9	652.1	6 月 29 日	11	199.8	7 月 9 日	28
1969	577.0	9 月 3 日	56	436.6	8 月 23 日	57	148.1	9 月 5 日	48
1971	530.0	8 月 3 日	60	421.5	8 月 2 日	58	94.8	8 月 14 日	59
1972	632.7	7 月 11 日	51	455.6	7 月 11 日	54	157.4	6 月 28 日	42
1979	707.3	8 月 28 日	39	546.6	8 月 23 日	30	149.5	8 月 29 日	46
1980	721.5	8 月 1 日	35	534.6	8 月 11 日	32	181.2	8 月 24 日	36
1982	729.3	7 月 9 日	33	509.9	7 月 5 日	43	216.4	7 月 10 日	17
1983	732.7	7 月 30 日	30	482.7	7 月 28 日	48	273.8	7 月 30 日	6
1984	868.9	7 月 3 日	12	621.6	7 月 3 日	16	248.7	7 月 3 日	12
1987	787.4	6 月 28 日	22	517.7	7 月 1 日	38	247.4	6 月 26 日	13
1989	740.8	7 月 4 日	28	508.3	7 月 4 日	44	214.6	6 月 28 日	18
1993	886.0	8 月 11 日	10	660.7	8 月 11 日	9	210.9	8 月 5 日	22
1994	501.3	6 月 19 日	62	378.6	6 月 18 日	61	103.2	6 月 21 日	58
1996	705.7	7 月 9 日	40	587.3	7 月 9 日	24	77.3	7 月 9 日	62
1997	633.8	6 月 29 日	49	516.2	6 月 28 日	40	79.9	6 月 30 日	61
1998	1 067.8	8 月 3 日	1	789.6	8 月 1 日	2	213.0	8 月 7 日	19
1999	836.0	6 月 29 日	18	635.3	6 月 29 日	14	154.9	7 月 5 日	43
2003	732.4	8 月 26 日	31	543.5	8 月 23 日	31	191.3	8 月 14 日	32
2004	630.1	8 月 26 日	52	472.3	8 月 25 日	51	149.1	9 月 5 日	47

年份	寸滩站			朱沱站			北碚站		
	洪量/亿 m³	起始日期	排位	洪量/亿 m³	起始日期	排位	洪量/亿 m³	起始日期	排位
2005	847.4	8月5日	16	647.6	8月9日	13	203.9	8月2日	27
2006	446.3	6月29日	63	372.8	6月28日	62	66.8	7月1日	63
2010	780.4	7月5日	23	494.1	7月2日	46	268.2	7月5日	8
2012	981.0	7月2日	3	705.8	7月5日	6	267.9	7月1日	9
2013	851.3	7月2日	15	481.1	7月11日	50	319.0	7月1日	3
2016	558.9	7月14日	58	467.9	7月14日	53	81.5	7月10日	60

5. 长江与乌江洪水遭遇规律

乌江流域为降水补给河流，洪水主要由暴雨形成，暴雨集中在 5～10 月，年最大洪峰流量集中于 6～7 月，尤以 6 月中、下旬发生的机会最多。8 月间副高脊线位置偏北，乌江流域出现年最大洪峰次数骤减。9～10 月副高脊线南撤至 20°N 附近时，乌江流域常出现次大洪峰，个别年份还发生年最大值，如 1994 年 10 月 10 日武隆站出现年最大洪峰流量 9 670 m³/s。而年最大洪水出现在 10 月下旬的多属中、小洪水年。

乌江为山区性河流，由于暴雨急骤、坡降大，所以汇流迅速，洪水涨落快，峰型尖瘦，洪量集中。乌江下游一次洪水过程约 20 天，其中大部分水量集中在 7 天内，大水年份则更为集中。寸滩站与武隆站及宜昌站年最大 1 日、年最大 15 日和年最大 30 日洪水遭遇次数和频率见表 3.13～表 3.16。从表可以看出：1952～2016 年寸滩站与武隆站年最大 1 日洪水有 1 年发生遭遇，遭遇频率约为 1.54%；年最大 15 日洪水有 8 年发生遭遇，遭遇频率约为 12.3%；年最大 30 日洪水有 15 年发生遭遇，遭遇频率约为 23.1%。

表 3.13　寸滩站与武隆站洪水遭遇次数与频率表

站名	年最大 1 日		年最大 15 日		年最大 30 日	
	次数	频率/%	次数	频率/%	次数	频率/%
寸滩站与武隆站	1	1.54	8	12.3	15	23.1

表 3.14　宜昌站年最大 1 日洪水遭遇统计表

年份	宜昌站			寸滩站			武隆站		
	洪量/亿 m³	起始日期	排位	洪量/亿 m³	起始日期	排位	洪量/亿 m³	起始日期	排位
1986	37.8	7月7日	49	30.2	7月5日	59	10.5	7月5日	29

表 3.15　宜昌站年最大 15 日洪水遭遇统计表

年份	宜昌站			寸滩站			武隆站		
	洪量/亿 m³	起始日期	排位	洪量/亿 m³	起始日期	排位	洪量/亿 m³	起始日期	排位
1954	785	7月28日	1	526	7月26日	7	148.4	7月26日	2
1976	503	7月11日	32	379	7月7日	44	92.2	7月13日	18
1985	525	7月3日	26	425	7月1日	28	78.1	6月27日	32
1988	541	9月5日	20	407	9月3日	40	74.3	8月31日	36

年份	宜昌站			寸滩站			武隆站		
	洪量/亿 m³	起始日期	排位	洪量/亿 m³	起始日期	排位	洪量/亿 m³	起始日期	排位
1990	440	6 月 23 日	49	363	6 月 20 日	48	59.5	6 月 15 日	54
2002	542	8 月 13 日	19	415	8 月 10 日	36	91.7	8 月 12 日	19
2007	533	7 月 20 日	24	371	7 月 18 日	45	93.9	7 月 24 日	15
2012	569	7 月 20 日	8	507	7 月 19 日	8	63.6	7 月 15 日	45

表 3.16　　宜昌站年最大 30 日洪水遭遇统计表

年份	宜昌站			寸滩站			武隆站		
	洪量/亿 m³	起始日期	排位	洪量/亿 m³	起始日期	排位	洪量/亿 m³	起始日期	排位
1952	1 089	8 月 21 日	5	942	8 月 18 日	4	136.1	8 月 10 日	25
1954	1 387	7 月 20 日	1	1 009	7 月 18 日	2	211.3	7 月 14 日	4
1967	802	6 月 20 日	47	558	6 月 24 日	61	173.9	6 月 16 日	8
1970	910	7 月 16 日	29	760	7 月 17 日	27	111.2	7 月 7 日	39
1976	866	6 月 27 日	38	657	6 月 24 日	48	149.8	6 月 24 日	15
1979	945	8 月 30 日	21	707	8 月 28 日	41	108.7	8 月 26 日	43
1987	981	6 月 30 日	15	787	6 月 28 日	23	105.5	6 月 26 日	47
1988	909	8 月 21 日	30	710	8 月 19 日	40	114.9	8 月 24 日	35
1992	818	6 月 24 日	46	679	6 月 22 日	45	119.3	6 月 14 日	30
1996	935	7 月 5 日	23	706	7 月 9 日	42	230.3	6 月 25 日	1
1997	839	7 月 2 日	41	634	6 月 29 日	51	139.1	7 月 3 日	18
1998	1 380	8 月 4 日	2	1 068	8 月 3 日	1	173.0	7 月 22 日	9
1999	1 118	6 月 30 日	3	836	6 月 29 日	19	221.2	6 月 27 日	2
2000	1 005	6 月 26 日	10	731	6 月 25 日	34	158.7	6 月 22 日	13
2007	940	7 月 8 日	22	692	7 月 6 日	43	137.2	7 月 11 日	22

6. 长江与清江洪水遭遇规律

分析统计长江干流宜昌站年最大洪水与清江下游控制站长阳站年最大洪水遭遇的次数、发生频率见表 3.17，遭遇年份、发生时间、洪水量级见表 3.18。

表 3.17　　宜昌站与长阳站洪水遭遇次数与频率表

站名	年最大 1 日		年最大 15 日		年最大 30 日	
	次数	频率/%	次数	频率/%	次数	频率/%
宜昌站与长阳站	0	0.0	3	5.2	10	17.2

从表 3.17 可以看出：在宜昌站与长阳站 1951～2016 年（部分年份缺测）实测系列中，年最大 1 日洪水未发生遭遇，年最大 3 日洪水有 3 年发生了遭遇，占 5.2%；年最大 7 日洪

水有 10 年发生了遭遇，占 17.2%。从表 3.18 可以看出，两江遭遇典型年洪水量级一般均较小，为小于或等于 5 年一遇的常遇洪水。

表 3.18　宜昌站与长阳站洪水遭遇典型年量级表

项目	年份	宜昌站			长阳站		
		洪量/亿 m³	起始时间	重现期/年	洪量/亿 m³	起始时间	重现期/年
年最大3日	1952	135	9 月 15 日	—	11.3	9 月 18 日	—
	1956	134	6 月 29 日	—	12.6	6 月 29 日	—
	1967	103	6 月 27 日	—	11.4	6 月 27 日	—
年最大7日	1951	277	7 月 13 日	—	10.4	7 月 12 日	—
	1952	293	9 月 14 日	—	14.6	9 月 18 日	—
	1953	253	8 月 4 日	—	8.1	8 月 5 日	—
	1956	286	6 月 28 日	—	16.7	6 月 29 日	—
	1967	229	6 月 28 日	—	17.7	6 月 27 日	—
	1976	264	7 月 19 日	—	15.3	7 月 18 日	—
	1977	216	7 月 10 日	—	16.8	7 月 13 日	—
	1979	244	9 月 13 日	—	22.9	9 月 13 日	5
	1989	314	7 月 11 日	5	13.7	7 月 10 日	—
	1999	288	7 月 17 日	—	12.2	7 月 15 日	—

7. 长江与洞庭湖洪水遭遇规律

枝城—螺山区间包含松滋、太平、藕池三口分流，以及沮漳河和洞庭湖水系来水，其中洞庭湖水系来水为区间最主要来水。表 3.19 为 1951～2017 年洞庭四水及洞庭湖出口洪峰出现月份统计。从洞庭四水洪水发生时间来看，资江比湘江晚，沅江比资江晚，澧水又比沅江稍晚。三口分流洪水特性同长江上游来水一致，洪峰主要出现在 5～10 月，最多为 7 月，其次为 8 月。从洞庭湖出口城陵矶站看，洪峰出现时间为 4～11 月，最多为 7 月，其次为 6 月，其洪水特性反映了洞庭四水和长江干流来水的综合特性。

表 3.19　洞庭湖洪峰出现时间统计

站名	3 月	4 月	5 月	6 月	7 月	8 月	9 月	10 月	11 月	总计
湘江湘潭站	2	6	19	22	10	5	1	1	1	67
沅江桃江站	2	5	12	20	18	5	3	1	1	67
资江桃源站	0	4	11	20	25	3	2	1	1	67
澧水石门站	1	0	7	27	21	5	5	1	0	67
城陵矶站	0	1	6	15	36	6	2	0	1	67

宜昌、洞庭湖总入流历年 5～10 月期间最大洪峰出现日期及量级见图 3.1。由图可知，6 月中旬前宜昌与洞庭湖洪峰基本不重叠，6 月下旬开始洪峰重叠逐渐增多，后汛期 8 月 25 日以后，宜昌年最大洪水与洞庭湖洪水基本无发生遭遇。实测数据中 5～10 月期间最大洪峰少有遭遇。

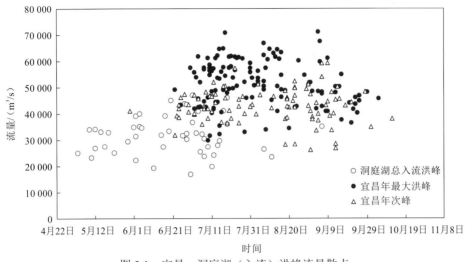

图 3.1 宜昌、洞庭湖（入流）洪峰流量散点

根据 1951～2017 年实测数据，统计宜昌、洞庭湖总入流历年 5～10 月期间最大流量出现在各月的次数见表 3.20。可以看出，宜昌站最大流量主要出现在 7～9 月，而城陵矶站最大洪峰主要出现在 6～8 月。

表 3.20 宜昌站与城陵矶站历年 5～10 月期间最大流量月份分布

站名	4 月	5 月	6 月	7 月	8 月	9 月	10 月	11 月	总计
宜昌站	0	0	2	34	19	10	2	0	67
城陵矶站	1	6	15	36	6	2	0	1	67

图 3.2 为宜昌、洞庭湖（入流）年最大 5 日洪量散点图，由图可知重叠主要发生在 6 月下旬。可以看出，洞庭湖 5～10 月期间最大洪水出现时间早于长江上游干流，且长江上游干流与洞庭湖最大洪峰出现时间无明显相应性，最大洪峰不同步。在 6 月中旬前一般年份宜昌与洞庭湖洪峰不发生遭遇，8 月 25 日以后，宜昌与洞庭湖基本无洪水过程遭遇发生。

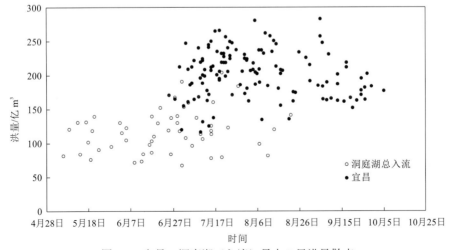

图 3.2 宜昌、洞庭湖（入流）最大 5 日洪量散点

宜昌、洞庭湖总入流 5～10 月期间最大洪水遭遇月份及遭遇时洪峰统计见表 3.21。由表可见，当长江上游干流与洞庭湖 5～10 月期间最大洪水遭遇时，洪峰流量均不大。其中：宜昌站洪峰大于 50 000 m³/s 仅有 2 次，分别为 1989 年（60 200 m³/s）、1999 年（56 700 m³/s）；城陵矶站洪峰大于 30 000 m³/s 仅有 3 次，分别为 2002 年（35 400 m³/s）、1999 年（34 100 m³/s）、1988 年（31 100 m³/s）。除 2002 年发生在 8 月下旬，1988 年发生在 9 月上旬外，其余洪水遭遇都发生在 7 月。1988 年洪水城陵矶站来水达 30 000 m³/s 以上，但宜昌站来水未到 50 000 m³/s。

表 3.21　宜昌站与城陵矶站最大洪水遭遇时最大流量统计

序号	年份	月份	宜昌站/（m³/s）	城陵矶站/（m³/s）
1	1963	7	43 700	23 400
2	1967	7	41 200	27 700
3	1976	7	49 300	25 000
4	1986	7	43 800	23 500
5	1988	9	47 400	31 100
6	1989	7	60 200	21 800
7	1990	7	41 800	23 600
8	1999	7	56 700	34 100
9	2002	8	48 600	35 400

综上，洞庭湖发生洪水的时间明显早于宜昌洪水，进入 7 月中下旬后洞庭湖洪水已基本结束，最大洪峰少有遭遇；洪水过程遭遇也以中小洪水遭遇为主，8 月下旬以后因区间来水快速消退，洞庭湖已基本无洪水发生，与长江干流洪水遭遇概率很小，且量级不大，因此三峡水库需要兼顾对城陵矶地区补偿调度的机会相应减少，其为兼顾城陵矶地区防洪调度的库容可以有条件地逐步释放。

3.2　蓄水期来水特性与径流演变规律

3.2.1　屏山站、宜昌站 8～10 月来水特性

1. 屏山站、宜昌站 8～10 月径流特性

根据金沙江屏山站（1940～2018 年）、宜昌站长系列（1890～2018 年）实测径流资料（其中受上游水库调蓄影响之后的数据经过还原），宜昌站、屏山站以上流域 8～10 月径流统计成果见表 3.22。由表可知，屏山站、宜昌站 8～10 月径流年际变化较大，屏山站各月径流量的极值比略小于宜昌站。

表 3.22　屏山站和宜昌站 8~10 月径流特征值统计成果

站名	月份	统计系列	均值/亿 m³	C_V	C_S/C_V	实测最大径流 Q_{max}		实测最小径流 Q_{min}		Q_{max}/Q_{min}
						月均径流量/亿 m³	年份	月均径流量/亿 m³	年份	
屏山站	8	1940~2018 年	261	0.32	2	520	1998	117	2006	4.44
	9	1940~2018 年	251	0.28	2	417	1966	122	2011	3.42
	10	1940~2018 年	171	0.26	2	271	1980	100	2011	2.71
宜昌站	8	1890~2018 年	731	0.28	2	1 398	1998	257	2006	5.44
	9	1890~2018 年	656	0.26	2	1 231	1896	288	2006	4.27
	10	1890~2018 年	487	0.22	2	865	1907	222	2009	3.90

注：C_S 为偏态系数，C_V 为变差系数。

2. 屏山站、宜昌站 9~10 月各旬径流年际变化

根据宜昌站、屏山站 9~10 月历年各旬资料进行统计。宜昌站 9 月上、中、下旬径流量分别为 229 亿 m³、222 亿 m³、205 亿 m³，10 月上、中、下旬径流量分别为 184 亿 m³、159 亿 m³、145 亿 m³，9~10 月各旬径流总体趋势逐渐减小，平均减幅为 16.8 亿 m³，其中，与上一旬相比，减幅最大是 10 月上旬~10 月中旬，径流量减少 25 亿 m³，减幅最小是 9 月上旬~9 月中旬，径流量减少了 7 亿 m³。

屏山站各旬径流量从 9 月上旬的 88.1 亿 m³ 降至 10 月下旬的 48.8 亿 m³，各旬平均减少 7.86 亿 m³。

3.2.2　蓄水期径流演变趋势

1. 屏山站蓄水期径流趋势

1）9 月径流变化趋势

金沙江屏山站 9 月流量滑动平均过程线见图 3.3。由图可见，从 20 世纪 90 年代中期后，整个滑动平均线缓慢抬升，近年略调头往下变化，但是各种滑动平均过程线位于多年平均线上方波动。说明了 2000 年以后金沙江以上 9 月来水量总体略有增加。

2）10 月径流变化趋势

金沙江屏山站 10 月流量滑动平均过程线见图 3.4。由图可见，从 20 世纪 90 年代中期后，整个滑动平均线缓慢抬升，但是各种滑动平均过程线位于多年平均线上方波动。说明了 2000 年以后金沙江以上 10 月来水量总体较丰。

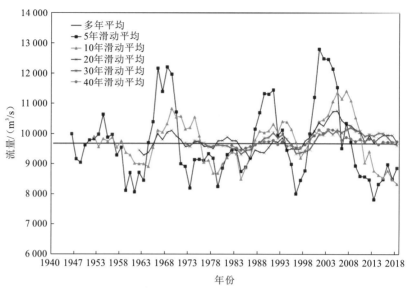

图 3.3　金沙江屏山站 9 月流量滑动平均过程线

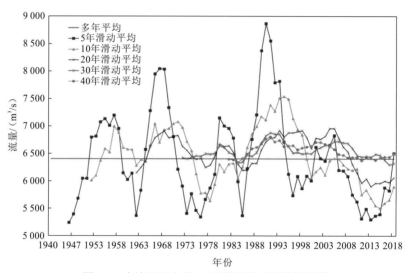

图 3.4　金沙江屏山站 10 月流量滑动平均过程线

2. 宜昌站蓄水期径流趋势

1）9 月径流变化趋势

根据宜昌站 1890~2018 年 9 月平均流量系列，分别统计了平均流量 5 年、10 年、30 年、50 年、70 年滑动平均过程线见图 3.5。

从图中可以看出：各滑动平均过程线自 20 世纪 90 年代前后开始，总体上有一明显下降趋势。综合各种滑动平均过程，宜昌站 9 月来水量总体呈减少趋势，主要是 1991~2018 年共计 28 年中，小于多年均值有 19 年，大多数年份偏小达到 30% 以上，最大可达到 57%；

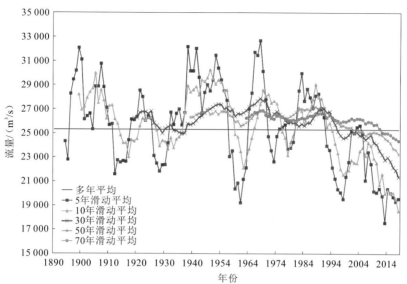

图 3.5　宜昌站 9 月流量滑动平均过程线

大于多年均值有 9 年,与多年均值相比,最大偏大 20%左右。从宜昌站近十多年资料分析,整个 9 月来水量出现丰水不丰、枯水则特枯的现象。

从宜昌站 1890～2018 年 9 月各旬水量分析来看,9 月各旬平均流量分别为 26 500 m³/s、25 600 m³/s 和 23 800 m³/s,9 月上旬～9 月下旬减少了 10.2%,整个 9 月流量过程变化呈逐旬递减。宜昌站 9 月各旬平均流量 5 年、10 年、30 年、50 年、70 年滑动平均过程线,见图 3.6～图 3.8。从各旬滑动平均过程线来看:9 月上旬各滑动平均过程线在 20 世纪 70 年代之后,总体震荡下行,但下降幅度较平缓;9 月中下旬各滑动平均过程线,至 20 世纪 90 年代之后,滑动平均过程线持续下降明显,且下降幅度有增大趋势。分析可知,宜昌站 1990 年之后,9 月中下旬来水量存在偏少现象。

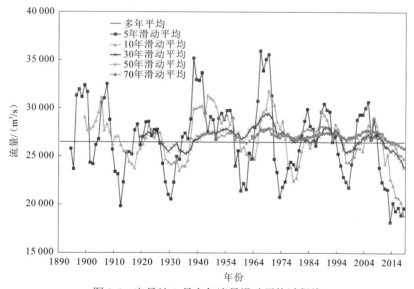

图 3.6　宜昌站 9 月上旬流量滑动平均过程线

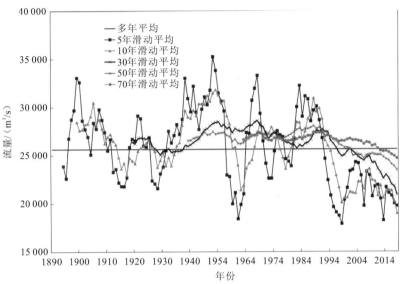

图 3.7　宜昌站 9 月中旬流量滑动平均过程线

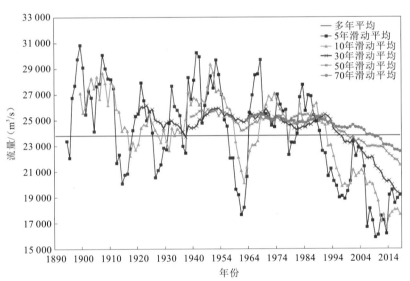

图 3.8　宜昌站 9 月下旬流量滑动平均过程线

2）10 月径流变化趋势

宜昌站 10 月流量滑动平均过程线见图 3.9。由图可知，10 月多年平均来水量为 18 200 m³/s，各窗口长度滑动平均过程线出现了震荡下行，特别是近十年来，各滑动平均线出现加速下滑。1990～1999 年，10 年中平均来水量为 16 200 m³/s，较多年平均来水量减少了 2 000 m³/s，减少幅度达 11.0%；2000～2009 年，10 年平均来水量为 15 600 m³/s，较多年平均来水量减少了 2 600 m³/s，减少幅度达 14.3%；2010～2018 年，9 年平均来水量为 12 900 m³/s，较多年平均来水量减少了 5 300 m³/s，减少幅度达 29.1%。可见，宜昌站 10 月出现枯水频次逐渐增多。

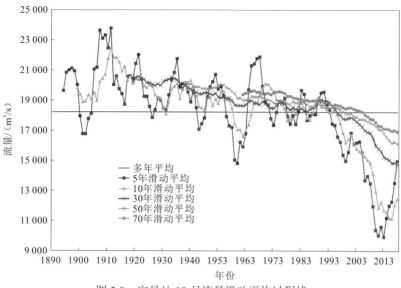

图 3.9　宜昌站 10 月流量滑动平均过程线

宜昌站 10 月各旬流量滑动平均过程线见图 3.10~图 3.12。由图可见：1950 年以前，各滑动窗口平均过程线呈现窄幅波动，整体变化较平稳，1950 年以后，各滑动平均过程线变化加剧振荡，20 世纪 50~70 年代中期，出现来水枯丰交替转化过程；20 世纪 90 年代以后，整个滑动平均过程线系统有明显的偏少趋势，各旬来水均较多年平均偏小。

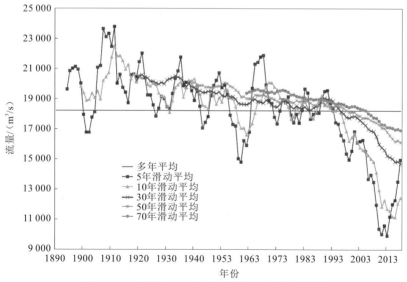

图 3.10　宜昌站 10 月上旬流量滑动平均过程线

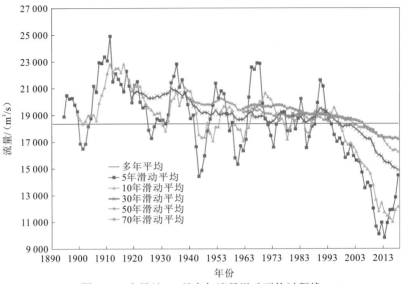

图 3.11　宜昌站 10 月中旬流量滑动平均过程线

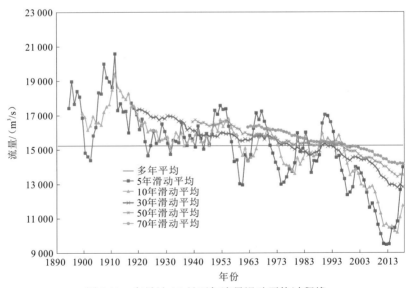

图 3.12　宜昌站 10 月下旬流量滑动平均过程线

3.3　蓄水期典型枯水年径流组成

3.3.1　典型枯水年上游来水特性

1. 9 月典型枯水年

根据宜昌站 1952～2018 年系列中 9 月来水量进行排序，位于倒数后 8 位的枯水年份是 2006 年、2002 年、1997 年、1959 年、1992 年、1957 年、2009 年、1972 年，对应流量分别为 11 100 m³/s、12 500 m³/s、13 200 m³/s、13 600 m³/s、14 500 m³/s、14 800 m³/s、16 900 m³/s、17 300 m³/s。将这 8 个枯水年 9 月各区来水与其多年平均同期来水量进行比较，结果见表 3.23。

表 3.23　长江上游各区 9 月典型枯水年份来水与多年平均同期来水量比较　　（单位：%）

年份	屏山站	高场站	北碚站	武隆站	区间
1972	-32.1	-42.7	-47.5	23.5	-17.1
2009	-25.7	-32.6	6.7	-34.9	-86.1
1957	-21.2	-17.8	-52.9	-57.3	-92.7
1992	-41.5	-22.3	-31.7	-58.5	-69.6
1959	-43.8	-32.6	-65.2	-54.7	-38.6
1997	-18.8	-43.6	-87.0	-31.0	-81.1
2002	-34.9	-56.5	-76.8	-40.1	-54.1
2006	-51.2	-35.2	-57.0	-65.9	-83.0

由表可知：金沙江屏山站各典型枯水年来水比多年平均同期来水量偏少 18.8%～51.2%；岷江高场站来水比多年平均同期来水量偏少 17.8%～56.5%；嘉陵江北碚站来水除了 2009 年外（偏大 6.7%），其他年份偏少 31.7%～87.0%；乌江武隆站来水除 1972 年外（偏大 23.5%），其他年份 9 月来水出现不同程度减少，偏小幅度为 31.0%～65.9%；上游干流区间偏小 17.1%～92.7%。

2. 10 月典型枯水年

以宜昌站 10 月来水量进行排序，位于倒数后 8 位的枯水年份是 2002 年、1956 年、1959 年、2006 年、2009 年、1996 年、1978 年、1972 年。8 个枯水年份相应各区 10 月与多年平均同期来水量比较，见表 3.24。

表 3.24　长江上游各区 10 月典型枯水年份来水与多年平均同期来水量比较　　（单位：%）

年份	屏山站	高场站	北碚站	武隆站	区间
1972	-31.2	-30.6	-68.7	46.2	1.8
1978	-8.7	-8.8	-60.2	-39.9	-38.5
1996	-18.2	-14.2	-57.6	-44.1	-25.5
2009	-18.7	-6.4	-36.5	-62.6	-56.4
2006	-19.7	-16.5	-24.8	-43.2	-62.1
1959	-25.8	-20.7	-66.3	-26.1	-30.6
1956	-23.6	-16.1	-54.2	-38.5	-49.6
2002	-16.3	-37.3	-66.3	-41.8	-65.7

由表可知：金沙江屏山站各典型枯水年来水不同程度地较多年平均同期来水量减少了 8.7%～31.2%；岷江高场站来水较多年平均同期来水量减少了 6.4%～37.3%；嘉陵江北碚站来水较多年平均同期来水量减少了 24.8%～68.7%；乌江武隆站 1972 年来水较多年平均

同期来水量增大了 46.2%，其他年份减少了 26.1%～62.6%；上游干流区间 1972 年与较多年平均同期来水量基本持平，其他年份减少了 25.5%～65.7%。

　　同时，结合图表可以看出，宜昌站 10 月典型枯水年来水量，较多年平均同期来水量减少了约 20%～40%。8 个典型枯水年相应上游干支流来水比较，见表 3.25。可见，宜昌站 10 月出现特枯水与金沙江、嘉陵江、上游干支流区间来水量减少关系最为密切，三个地区来水量共同作用影响下，宜昌站正常来水量将会下降 20%～30%。

表 3.25　上游控制站 10 月典型枯水年占宜昌站 10 月平均流量百分比　（单位：%）

年份	宜昌站	屏山站	高场站	北碚站	武隆站	区间
1972	76.6	25.7	12.5	4.7	12.0	21.7
1978	74.6	34.1	16.5	6.0	4.9	13.1
1996	72.9	30.5	15.5	6.4	4.6	15.8
2009	69.2	30.4	16.9	9.6	3.1	9.3
2006	69.1	30.0	15.1	11.4	4.7	8.1
1959	68.0	27.7	14.3	5.1	6.1	14.8
1956	66.4	28.5	15.1	6.9	5.1	10.7
2002	59.7	31.2	11.3	5.1	4.8	7.3

　　统计宜昌站 10 月出现来水量特枯年份中宜昌站各级流量出现的天数，见表 3.26。从来水量级来看，没有出现大于 20 000 m³/s 以上来水，多数来水均在 10 000～15 000 m³/s。

表 3.26　宜昌站 10 月典型枯水年不同流量级出现天数

流量级/（m³/s）	出现天数								
	1900 年	1936 年	1956 年	1959 年	1972 年	1978 年	2002 年	2006 年	2009 年
25 000≤Q<30 000	0	0	0	0	0	0	0	0	0
20 000≤Q<25 000	0	0	0	0	0	0	0	0	0
15 000≤Q<20 000	0	0	0	0	6	7	0	6	3
10 000≤Q<15 000	21	22	28	27	22	24	21	24	26
7 000≤Q<10 000	10	9	3	4	3	0	10	1	2

3.3.2　枯水年上下游径流丰枯关联性

　　城陵矶地区汛期末段防洪情势与三峡水库兼顾城陵矶地区防洪库容的释放关系密切。以蓄水期间各类需求最为复杂的 9 月作为研究对象，根据宜昌站与洞庭四水、城陵矶站合成流量，城陵矶站水位同步资料，采用条件概率方法分析蓄水期上下游来水丰枯关联性。

　　以来水频率 $P=5\%$、$P=25\%$、$P=75\%$ 和 $P=95\%$ 作为划分特丰、偏丰、偏枯和特枯年的判别标准，统计宜昌站丰枯水年份与城陵矶站相应丰枯等级年份来水的条件概率，结果见表 3.27。由表可知，基于上述丰枯划分准则，蓄水期宜昌站来水的丰枯情势与城陵矶站来水情况仍有较好的一致性。比如宜昌站来水偏枯、特枯条件下，洞庭四水合成流量在偏枯或特枯的概率为 40%左右，同时城陵矶站合成流量和水位在偏枯或特枯的概率达到 70%以上；宜昌站来水偏丰、特丰条件下，洞庭四水合成流量在偏丰或更丰的概率在 30%以上，城陵矶站合成流量和水位在偏丰或特丰的概率则在 50%以上。同样可以发现蓄水期宜昌站来水与城陵矶站来水丰枯同步的概率要大于丰枯异步。但不排除部分年份两地出现丰枯遭遇，如 1966 年上游来水频率接近 5%，而洞庭四水来流却为同期历史最低；1997 年 9 月上游来水特枯，但洞庭四水合成流量偏丰。进一步分别对宜昌站与湘江、资江、沅江、澧水洞庭四水控制站 9 月径流进行丰枯组合分析，发现宜昌站蓄水期来水与沅江、澧水丰枯一致性较好，丰枯同步概率明显大于异步，与湘江、资江则是同异步概率相当。

表 3.27　宜昌站与城陵矶站来水丰枯条件概率统计表

参考站	丰枯等级	洞庭四水合成流量		城陵矶站合成流量		城陵矶站水位	
宜昌站	特枯	特枯	偏枯或特枯	特枯	偏枯或特枯	特枯	偏枯或特枯
		20.0%	40.0%	60.0%	100%	60.0%	80.0%
	偏枯	特枯	偏枯或特枯	特枯	偏枯或特枯	特枯	偏枯或特枯
		0.0%	36.4%	9.1%	81.8%	18.2%	72.7%
	偏丰	特丰	偏丰或特丰	特丰	偏丰或特丰	特丰	偏丰或特丰
		30.0%	40.0%	10.0%	70.0%	20.0%	50.0%
	特丰	特丰	偏丰或特丰	特丰	偏丰或特丰	特丰	偏丰或特丰
		0.0%	33.3%	50.0%	100%	0.0%	66.7%

结合长江中下游防洪需求对上游水库群，特别是对三峡水库蓄水的约束作用，梳理宜昌、洞庭湖水系不同来水组合情景下的代表年份如表 3.28 所示。

表 3.28　蓄水期来水代表年份统计表

宜昌站	宜昌站—螺山站区间	代表年份	流域来水情势
特枯	偏枯	1959、1992	特枯
	平水	2002、2006	特枯/偏枯
	偏丰	1997	偏枯
偏枯	偏枯	1972、1978、2009、2011	特枯/偏枯
	平水	1977、1996	偏枯
	偏丰	2013	偏枯
偏丰	偏枯	1966、1974	偏丰/平水
	平水	1964、2014	偏丰
	偏丰	1968、1979、1988	偏丰

　　结合流域来水情势，对于上下游来水均较平稳的年份，主要以执行调度规程稳步蓄水为主，一般可在汛后蓄满水库；若遭遇流域性枯水年份，则需考虑在保证防洪安全的前提下实施提前蓄水，并适当抬高分阶段蓄水控制水位，减轻后期蓄水压力，也为缓解中下游旱情创造条件。

第4章

梯级水库可蓄水量与蓄水形势

本章结合长江上游川渝河段和长江中下游地区蓄水期综合用水需求,根据长江上游水库群常规蓄水安排,开展金沙江下游和三峡梯级水库不同调度方案下的水库群联合蓄水模拟,评估梯级水库可蓄水量;重点分析不同蓄水方案对梯级水库汛后蓄满程度的影响,评估枯水年份梯级水库蓄水形势,为有针对性地优化蓄水时机和蓄水进程提供参考。

4.1　水库群蓄水时间与待蓄水量

按照水库的综合利用任务，梯级水库的蓄水库容由死水位到汛限水位之间的蓄水库容（I）和汛限水位到正常蓄水位之间的蓄水库容（II）两部分组成。考虑长江上游已建控制性水库库容等基本特性，结合水库实际或规划阶段调度规程、运行方式资料，根据各自设计蓄水时间分布，统计水库群蓄水总量及汛期分阶段蓄水库容，各水库设计蓄水时间和蓄水库容分布如表 4.1 所示。

表 4.1　长江上游干支流控制性水库蓄水时间和库容统计表　（单位：亿 m³）

梯级水库名称	蓄水时间	蓄水库容（I）	蓄水库容（II）				合计
		汛期	8 月	9 月	10 月	小计	
梨园水库	8 月 1 日起蓄	—	1.73	—	—	1.73	1.73
阿海水库	8 月 1 日起蓄	0.23	2.15	—	—	2.15	2.38
金安桥水库	8 月 1 日起蓄	1.88	1.58	—	—	1.58	3.46
龙开口水库	8 月 1 日起蓄	—	1.26	—	—	1.26	1.26
鲁地拉水库	8 月 1 日起蓄	—	5.64	—	—	5.64	5.64
观音岩水库	10 月 1 日起蓄	0.13	2.89	—	2.53	5.42	5.55
锦屏一级水库	8 月 1 日起蓄	33.11	16.00	—	—	16.00	49.11
二滩水库	8 月 1 日起蓄	24.70	9.00	—	—	9.00	33.70
溪洛渡水库	原则上 9 月 1 日起蓄	18.11	—	46.51	—	46.51	64.62
向家坝水库	原则上 9 月 1 日起蓄	—	—	9.03	—	9.03	9.03
紫坪铺水库	10 月 1 日起蓄	6.07	—	—	1.67	1.67	7.74
瀑布沟水库	10 月 1 日起蓄，预报岷江及大渡河流域无明显降雨过程，经批准提前至 9 月中下旬起蓄	27.94	3.70	—	7.30	11.00	38.94
碧口水库	10 月 1 日起蓄	0.43	—	—	1.03	1.03	1.46
宝珠寺水库	10 月 1 日起蓄	10.60	—	—	2.80	2.80	13.40
亭子口水库	9 月 1 日起蓄	6.72	—	10.60	—	10.60	17.32
草街水库	9 月 1 日起蓄	—	—	1.99	—	1.99	1.99
洪家渡水库	9 月 1 日起蓄	32.05	—	1.56	—	1.56	33.61
东风水库	汛前蓄水	4.91	—	—	—	—	4.91
乌江渡水库	汛前蓄水	9.28	—	—	—	—	9.28
构皮滩水库	9 月 1 日起蓄	25.02	2.00	2.00	—	4.00	29.02
思林水库	9 月 1 日起蓄	1.33	—	1.84	—	1.84	3.17
沙沱水库	9 月 1 日起蓄	0.78	—	2.09	—	2.09	2.87

续表

梯级名称	蓄水时间	蓄水库容（I）	蓄水库容（II）				合计
		汛期	8 月	9 月	10 月	小计	
彭水水库	9 月 1 日起蓄	2.86	—	2.32	—	2.32	5.18
三峡水库	9 月 10 日预蓄不超 150～155 m，9 月 10 日起蓄	—	—	105.78～128.70	92.80～115.72	221.50	221.50
合计		206.15	45.95	183.72～206.64	108.13～131.05	360.72	566.87

从表中可见，已投入运行的长江上游干支流控制性水库汛期待蓄水量有 206.15 亿 m³，这部分蓄水量与上一年水库是否消落到死水位有关，为不定值。由于该部分蓄水量对应防洪限制水位以下库容，在汛前开始拦蓄，可充分利用汛期来水蓄满。这部分库容充蓄程度的主要影响是：①各水库蓄水时间若过于集中，有可能会影响下游用水；②若来水偏枯，蓄水过程延长，有可能影响蓄水库容（II）的蓄水。

蓄水库容（II）有 360.72 亿 m³，因承担有防洪任务，水库汛期一般维持在防洪限制水位，其汛末蓄量一般为定值。这部分蓄水量开始起蓄的时间根据防洪的要求安排，一般在主汛期以后。显然，蓄水库容（II）的充蓄事关水库群汛后整体蓄满程度，如能利用汛期洪水资源，将蓄水时间适当提前，将有助于提高水库群蓄满程度，提前释放这部分库容的核心制约因素是防洪需求是否可以得到满足。

根据各库的防洪任务，安排 9 月的蓄水任务超过蓄水库容（II）的 50%，9 月蓄水任务非常艰巨。而 9 月可开始蓄水的水库，主要是承担本流域和配合三峡水库对长江中下游防洪双重防洪任务的水库，按照洪水特性一般要到 9 月中旬才开始蓄水，也就是说约有 183.72 亿 m³ 的蓄水任务，要在 9 月中下旬的 20 天完成（日均拦蓄流量将超过10 000 m³/s）。9 月中下旬蓄水过于集中，会导致此期间的下泄流量偏小，遇来水偏少年份，上游水库群 9 月蓄水任务不能完成，将增加 10 月三峡水库的蓄水压力。

4.2　水库群可蓄水量

4.2.1　溪洛渡、向家坝、三峡水库可蓄水量

天然来水量是水库蓄水调度的决定性因素之一，同时蓄水期电力系统对水电站发电和各用水方面对水资源的需求，也对水库群蓄水提出了制约因素。在水库的入库水量中，扣除蓄水期发电、供水、生态、航运等综合利用用水要求后，剩余水量才是可以充蓄水库的水量（以下简称可蓄水量）。

根据溪洛渡、向家坝、三峡水库调度规程，并结合近几年批复的蓄水方案，对 1959～2014 年共 56 年长系列径流资料进行统计，溪洛渡、向家坝、三峡水库 7～10 月可蓄水量见表 4.2。从表中可以看出，三库中向家坝水库防洪限制水位与死水位相同，防洪库容与兴利库容完全重合，三峡水库防洪限制水位低于枯水期消落低水位，防洪库容大于兴利调节

库容，这两个水库在 7~8 月均没有蓄水任务。溪洛渡水库死水位至防洪限制水位之间的库容为 18.11 亿 m³，即水库 7 月最大蓄水量为 18.11 亿 m³。从统计结果来看，即使是来水最枯的年份，溪洛渡水库 7 月的可蓄水量也远大于待蓄水量，通过合理的调度，可以保证在汛期蓄满 7 月待蓄水量。

表 4.2 溪洛渡、向家坝、三峡水库 7~10 月可蓄水量统计表

项目		待蓄水量 /亿 m³	可蓄水量/亿 m³				水量保证率 /%
			最大	最小	75%年份	多年平均	
溪洛渡水库	7 月	18.11	305.76	53.43	103.46	150.08	100.0
	8 月	—	388.67	28.27	110.05	158.79	—
	9 月 上旬	46.51	176.18	10.28	35.28	68.17	98.2
	9 月 中旬		116.40	15.43	40.26	64.55	
	9 月 下旬		121.97	19.19	45.11	60.41	
	9 月 月		356.78	44.90	126.63	193.13	
	10 月	—	213.50	50.69	83.10	112.05	—
向家坝水库	7 月	—	315.60	57.51	108.44	155.82	—
	8 月	—	400.92	31.89	114.97	164.67	—
	9 月 上旬	9.03	133.51	-1.11	5.85	31.39	98.2
	9 月 中旬		116.74	-8.07	28.33	57.26	
	9 月 下旬		122.95	7.02	45.20	59.94	
	9 月 月		313.49	-2.16	81.96	148.60	
	10 月	—	213.03	48.97	81.54	111.32	—
三峡水库	7 月	—	819.31	188.10	318.40	444.55	—
	8 月	—	1044.48	-29.75	253.82	368.20	—
	9 月 上旬	128.70	302.53	-26.15	37.10	90.58	82.1
	9 月 中旬		288.19	-40.51	55.25	110.06	
	9 月 下旬		256.06	-3.47	66.27	104.44	
	9 月 月		642.29	-34.74	173.25	305.09	
	10 月	92.80	467.58	59.21	154.51	223.05	94.6

注：①可蓄水量为负值表示水库来量小于保证出力对应流量或者小于下游最小流量要求；②水量保证率为可蓄水量大于待蓄水量的年份占径流系列长度的百分比，余同。

从三库 9 月的可蓄水量来看，即使在汛期已完成待蓄水库容（I）的蓄水，遇来水偏枯时，三库也分别有 1 年、1 年和 10 年可蓄水量小于 9 月的待蓄水量，要蓄满水库，这些年份水库只能在 10 月继续蓄水，而三峡水库在 10 月至少还有 92.80 亿 m³ 的蓄水任务，若遇 9~10 月来水均偏枯的年份，溪洛渡、向家坝、三峡水库要蓄满将非常困难。

4.2.2　考虑乌东德、白鹤滩水库投运影响的可蓄水量

金沙江下游将建成乌东德、白鹤滩等一批巨型水库，汛末将新增近 100 亿 m³ 防洪库容须在其蓄水期逐步充蓄，以满足后期水资源利用要求。考虑金沙江下游乌东德、白鹤滩水库的投入运行，同样采用 1959～2014 年共 56 年长系列径流资料进行统计，溪洛渡、向家坝、三峡水库 7～10 月可蓄水量见表 4.3。

表 4.3　考虑乌东德、白鹤滩水库运行后金沙江下游梯级与三库 7～10 月可蓄水量统计表

项目			待蓄水量 /亿 m³	可蓄水量/亿 m³				水量保证率 /%
				最大	最小	75%年份	多年平均	
溪洛渡水库	7 月		18.11	305.51	31.13	98.04	147.85	100.0
	8 月		—	313.36	6.57	35.08	87.54	—
	9 月	上旬	46.51	155.46	3.80	10.57	46.82	94.6
		中旬		116.32	3.53	35.74	62.27	
		下旬		121.91	7.47	45.12	59.63	
		月		335.93	14.80	105.07	168.72	
	10 月		—	213.33	43.00	82.93	111.25	—
向家坝水库	7 月		—	312.94	25.44	95.23	149.28	
	8 月		—	325.59	9.88	41.41	93.72	
	9 月	上旬	9.03	112.82	-6.67	-0.27	18.11	94.6
		中旬		114.50	-8.36	12.54	48.40	
		下旬		122.89	-8.02	44.94	58.07	
		月		292.68	-22.55	60.39	124.59	
	10 月		—	212.86	34.36	81.14	110.22	
三峡水库	7 月		—	818.33	171.80	305.85	437.84	—
	8 月		—	968.06	-50.11	177.41	295.72	—
	9 月	上旬	128.70	281.57	-30.27	29.83	78.48	80.4
		中旬		285.55	-44.68	38.72	101.13	
		下旬		255.99	-22.40	65.43	101.93	
		月		621.20	-66.13	150.15	281.54	
	10 月		92.80	467.41	55.62	154.34	221.52	91.1

从表中可以看出，乌东德、白鹤滩水库的投入运行，对下游梯级的可蓄水量有一定的影响。

（1）考虑乌东德、白鹤滩水库运行后，溪洛渡水库 7 月多年平均可蓄水量略有减小，

但相对于其 7 月蓄水库容而言依然较为充裕，不会影响溪洛渡水库 7 月蓄水进程；9 月溪洛渡水库开始汛末蓄水，受上游水库群调蓄影响，可蓄水量显著减少，多年平均可蓄水量减少近 12.6%，水量保证率由 98.2%下降到 94.6%，意味着可蓄水量小于待蓄水量的年份增加到 3 年。

（2）对于向家坝水库，其受影响程度与溪洛渡水库相似，9 月可蓄水量小于待蓄水量的年份增加到 3 年；但考虑到其蓄水库容相对较小，通过合理调度，应能有效减小上游水库群蓄水影响。

（3）三峡水库处于长江上游干流最末一梯级，上游水库群调蓄的影响将集中反映到三峡水库上。从 9 月可蓄水量看，多年平均可蓄水量减少近 7.7%，75%年份减少近 13.3%，可蓄水量小于待蓄水量的年份增加到 11 年；10 月可蓄水量小于待蓄水量的年份由 3 年增加到 5 年。

可见，上游水库群的投入运行，形成与三峡水库争水的事实，如果不能合理安排水库群蓄水时机和调度方式，将加重三峡水库汛后蓄水压力。

4.3　水库蓄水形势

4.3.1　蓄水调度方案

为明晰金沙江下游与三峡梯级水库群的蓄水形势，分别按照批复的三峡水库《初步设计报告》、《优化调度方案》和《三峡调度规程》三个阶段蓄水调度方式；《金沙江溪洛渡水电站水库运用与电站运行调度规程（试行）》（以下简称《溪洛渡规程》）、《金沙江向家坝水电站水库运用与电站运行调度规程（试行）》（以下简称《向家坝规程》）和近年批复的《长江上中游水库群联合调度方案》或水库年度蓄水计划（以下均简称《年度方案》）两个阶段溪洛渡、向家坝水库蓄水调度方式，并考虑长江上游干支流已建控制性水库的调蓄作用，采用 1959～2014 年长系列径流资料对水库群蓄水调度效果进行组合模拟分析。进一步考虑乌东德、白鹤滩水库按其设计蓄水调度方式联合蓄水调度，分析其对下游溪洛渡、向家坝、三峡水库蓄水情况的影响。所采用的方案组合情况如表 4.4 所示。

表 4.4　溪洛渡、向家坝、三峡水库蓄水调度方式组合表

方案编号	溪洛渡水库（方式+起蓄时间）	向家坝水库（方式+起蓄时间）	三峡水库（方式+起蓄时间）
1	《溪洛渡规程》（9 月 11 日）	《向家坝规程》（9 月 11 日）	《初步设计报告》（10 月 1 日）
2	《溪洛渡规程》（9 月 11 日）	《向家坝规程》（9 月 11 日）	《优化调度方案》（9 月 15 日）
3	《溪洛渡规程》（9 月 11 日）	《向家坝规程》（9 月 11 日）	《三峡调度规程》（9 月 10 日）
4	《年度方案》（9 月 1 日）	《年度方案》（9 月 5 日）	《三峡调度规程》（9 月 10 日）
5	方案 4+考虑乌东德、白鹤滩水库规划设计方式蓄水影响		

4.3.2　梯级蓄水形势

按照上述蓄水调度方案组合，计算各方案下水库群蓄水调度结果见表 4.5。由表可知，金沙江下游梯级与三峡水库蓄水调度方式经过各阶段的研究，在保障防洪安全的前提下，蓄水时机和蓄水进程得到了不断的优化，水库群蓄满程度有所提高。

表 4.5　溪洛渡、向家坝、三峡水库不同蓄水方式效果对比表

项目		方案 1	方案 2	方案 3	方案 4	方案 5
9 月中旬蓄满率/%	溪洛渡水库	37.50	37.50	37.50	98.21	91.07
	向家坝水库	67.86	67.86	67.86	94.64	78.57
	三峡水库	—	—	—	—	—
9 月下旬蓄满率/%	溪洛渡水库	98.21	98.21	98.21	100.00	96.43
	向家坝水库	94.64	94.64	94.64	98.21	94.64
	三峡水库	—	—	—	—	—
10 月上旬蓄满率/%	溪洛渡水库	100.00	100.00	100.00	100.00	100.00
	向家坝水库	100.00	100.00	100.00	100.00	96.43
	三峡水库	0.00	8.93	51.79	53.57	53.57
10 月中旬蓄满率/%	溪洛渡水库	100.00	100.00	100.00	100.00	100.00
	向家坝水库	100.00	100.00	100.00	100.00	100.00
	三峡水库	30.36	60.71	78.57	80.36	80.36
10 月下旬蓄满率/%	溪洛渡水库	100.00	100.00	100.00	100.00	100.00
	向家坝水库	100.00	100.00	100.00	100.00	100.00
	三峡水库	73.21	82.14	85.71	89.29	83.93
汛后蓄满率/%	溪洛渡水库	100.00	100.00	100.00	100.00	100.00
	向家坝水库	100.00	100.00	100.00	100.00	100.00
	三峡水库	91.07	92.86	92.86	94.64	94.64

三峡水库从《初步设计报告》到《三峡调度规程》阶段，如果按照溪洛渡、向家坝水库分别以其设计蓄水方式配合，汛后蓄满率可由 91.07%提高到 92.86%。溪洛渡、向家坝水库分别将起蓄时间提前到 9 月 1 日和 9 月 5 日，可以使各自 9 月蓄满率分别提高到 100.00%和 98.21%，同时使三峡水库蓄满率从 92.86%提高到 94.64%。但按照现行调度运行方式，如遇枯水年份，水库群蓄水形势仍十分严峻。

如果进一步考虑上游乌东德、白鹤滩水库投入运行，三峡水库 10 月蓄满率将从 89.29%降低到 83.93%，虽然汛后蓄满率不变，但未蓄满的年份水库蓄水位有不同程度的降低。各方案三峡水库遭遇典型枯水年份 10 月 1 日~11 月 20 日水位过程见图 4.1~图 4.6。

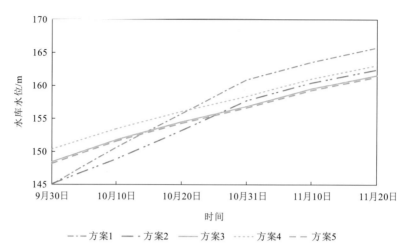

图 4.1　三峡水库 2002 年 10 月 1 日～11 月 20 日水位过程图

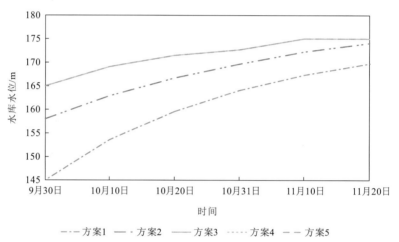

图 4.2　三峡水库 2013 年 10 月 1 日～11 月 20 日水位过程图

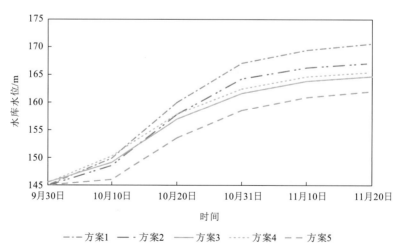

图 4.3　三峡水库 2006 年 10 月 1 日～11 月 20 日水位过程图

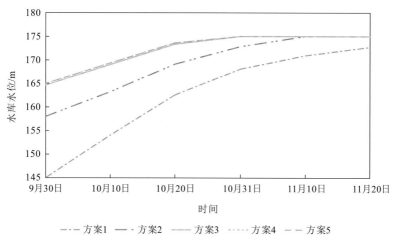

图 4.4　三峡水库 2009 年 10 月 1 日～11 月 20 日水位过程图

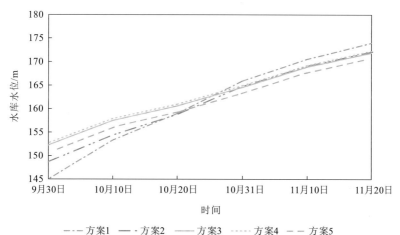

图 4.5　三峡水库 1959 年 10 月 1 日～11 月 20 日水位过程图

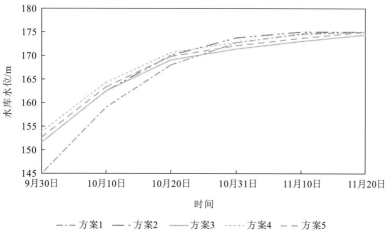

图 4.6　三峡水库 1997 年 10 月 1 日～11 月 20 日水位过程图

　　由图可以看出：通过实施提前蓄水和 9 月蓄水进程优化，三峡水库在应对流域枯水年份蓄水时能力有所提升，如 2013 年和 2009 年有效利用 9 月来水，提升 9 月 30 日控蓄水位，三峡水库汛后均能蓄至 175 m；然而，三峡水库遭遇枯水年份，特别是 9~10 月来水均不足时，汛后蓄水形势较为严峻，多个方案至 11 月 20 日仍无法蓄至正常蓄水位 175 m。尤其是自《优化调度方案》提出进一步保障枯季供水要求以来，虽然对三峡水库 9 月的蓄水进程进行了优化，但由于枯季下泄流量要求的提高，部分年份汛后最高蓄水水位甚至低于《初步设计报告》方案。

　　综上，仍有必要在深入分析流域汛期末段来水特性的基础上，逐时段分析流域水库群防洪库容需求的变化，在有条件的情况下进一步实施提前蓄水，优化蓄水进程，探索提高梯级水库群整体蓄满程度的联合蓄水策略，为保障后期流域供水安全等提供技术支撑。

第 5 章

水库群蓄水优化调度模型及高效求解算法

本章结合水库运行中面临的实际约束条件，通过设定坝前最高安全水位将防洪与兴利相结合，建立水库群多目标联合蓄水优化调度模型，并提出基于随机搜索的启发式高效求解算法；采用提前蓄水时间和抬高关键时间节点控制水位同步优化策略，得到不同来水年景在防洪风险可控条件下，发电量与蓄满率较优的可行方案。

5.1 水库群多目标蓄水优化调度模型

蓄水优化模型通常利用蓄水调度线来指导水库蓄水调度，优化对象为蓄水调度线的各时间点水位。蓄水调度线能明确起蓄时间和蓄水进程，通过设置各时段控制水位满足防洪的要求，对充分发挥水库枯水期的综合利用效益，具有重要的理论价值和现实意义。

5.1.1 调度模型数学描述

水库具有防洪、发电、航运、供水、生态等综合效益，且各目标之间可能存在矛盾，如为保证蓄满率而提前蓄水可能会增大防洪风险，为保障发电用水可能会破坏生态用水等，因此如何科学协调各目标是实现复杂梯级水库群蓄水期优化调度的关键。考虑以下优化目标：防洪目标、发电目标、蓄水目标等。各项目标函数如下。

（1）梯级水库防洪控制点遭遇洪水的风险 R 最小，即

$$\begin{cases} \min R_1 = \min_{x \in X}[\max(R_{f,1}, \cdots, R_{f,j}, \cdots, R_{f,n})] = f_1(x) \\ \min R_2 = \min_{x \in X}[\max(R_{s,1}, \cdots, R_{s,j}, \cdots, R_{s,n})] = f_2(x) \end{cases} \quad (5.1)$$

式中：R_1 和 R_2 分别为基于风险分析得到的风险率和风险损失率；R_{fj} 和 $R_{s,j}$ 分别为第 j 个水库的风险率和风险损失率；$f_1(x)$ 和 $f_2(x)$ 分别为风险率和风险损失率目标函数与决策变量的函数关系；x 为决策变量，由梯级水库的运行方式决定，是一组向量，并且满足蓄水调度约束条件。

（2）梯级水库多年平均发电量 E 最大（与累计弃水量目标最小等效），即

$$\max E = \max_{x \in X}\left(\sum_{j=1}^{M} E_j\right) = f_3(x) \quad (5.2)$$

式中：E_j 为第 j 个水库多年平均发电量；$f_3(x)$ 为发电量目标函数与决策变量的函数关系。

（3）蓄满率是评价联合蓄水方案的重要效益指标之一，采用库容百分比表示，其定义式如下：

$$\begin{cases} V_{f,j} = \dfrac{V_{(i,\,\mathrm{high})} - V_{\min,j}}{V_{\max,j} - V_{\min,j}} \times 100\% \\ \max V_f = \max_{x \in X}\left(\sum_{j=1}^{M} \alpha_j V_{f,j}\right) = f_4(x) \end{cases} \quad (5.3)$$

式中：$V_{(i,\mathrm{high})}$ 为第 i 年蓄水期最高蓄水位对应的库容；$V_{\max,j}$ 为第 j 个水库的正常蓄水位对应的库容；$V_{\min,j}$ 为第 j 个水库的死水位对应的库容；α_j 为第 j 个水库蓄满率所占的权重，其值可根据该水库所占梯级水库群总兴利库容的比例确定，且 $\sum_{j=1}^{M} \alpha_j = 1$；$f_4(x)$ 为蓄满率目标函数与决策变量的函数关系。

模型约束条件如下。

（1）水量平衡约束：

$$V_i(t) = V_i(t-1) + [I_i(t) - Q_i(t) - S_i(t)] \cdot \Delta t \tag{5.4}$$

式中：$V_i(t)$ 和 $V_i(t-1)$ 分别为第 i 个水库第 t 时段末和段初库容，m^3；$I_i(t)$、$Q_i(t)$ 和 $S_i(t)$ 分别为蓄水期第 i 水库 t 时刻的入库、出库和损失流量，m^3/s；Δt 为计算时段步长，s。

（2）水位上下限约束及水位变幅约束：

$$Z_{i,\min}(t) \leqslant Z_i(t) \leqslant Z_{i,\max}(t) \tag{5.5}$$

$$|Z_i(t) - Z_{i-1}(t)| \leqslant \Delta Z_i \tag{5.6}$$

式中：$Z_{i,\min}(t)$、$Z_i(t)$ 和 $Z_{i,\max}(t)$ 分别为第 i 水库 t 时刻允许的下限水位、运行水位和上限水位，m；ΔZ_i 为第 i 水库允许水位变幅，m。

（3）水库出库流量及流量变幅约束：

$$Q_{i,\min}(t) \leqslant Q_i(t) \leqslant Q_{i,\max}(t) \tag{5.7}$$

$$|Q_i(t) - Q_{i-1}(t)| \leqslant \Delta Q_i \tag{5.8}$$

式中：$Q_{i,\min}(t)$ 和 $Q_{i,\max}(t)$ 分别为第 i 水库 t 时刻最小和最大出库流量，m^3/s，$Q_{i,\max}(t)$ 一般由水库最大出库能力、下游防洪任务确定；ΔQ_i 为第 i 水库日出库流量最大变幅，m^3/s。

（4）电站出力约束：

$$N_{i,\min} \leqslant N_i(t) \leqslant N_{i,\max} \tag{5.9}$$

式中：$N_{i,\min}$ 和 $N_{i,\max}$ 分别为第 i 水库保证出力和装机出力，kW。

（5）蓄水调度线形状约束：各调度线不交叉且尽可能光滑，确保水位不出现大幅波动。

5.1.2　PA-DDS 优化算法

不同的调度目标，目标函数差异较大。例如，防洪目标是梯级水库防洪控制点遭遇洪水的风险最小，发电目标则是梯级水库多年平均年发电量最大。同时，蓄水模型需要考虑的约束条件也较多，除了水量平衡约束，还要考虑水位上下限及水位变幅、出库流量变幅、电站出力等约束。如果涉及的水库较多，调度规则各不相同，水库群蓄水优化调度模型还需重点考虑高效求解算法等技术问题。采用帕累托存档动态维度搜索（Pareto archived-dynamically dimensioned search，PA-DDS）算法对上述多目标蓄水优化调度模型进行求解。

动态维度搜索（dynamically dimensioned search，DDS）算法是一种随机搜索启发式算法，相比混合竞争进化（shuffled complex evolution，SCE）算法，DDS 算法能更快、更高效地收敛于全局最优解。通过在 DDS 算法中加入了 Pareto 前沿的保留机制，提出了能够处理多目标问题的 PA-DDS 算法，应用实例表明，该算法比常用的非支配排序遗传算法-II（non-dominated sorting genetic algorithm-II，NSGA-II）的计算效率更高。算法流程具体步骤如下。

（1）采用 DDS 算法初始化种群，并生成 Pareto 前端。

（2）计算当前所有优化结果的拥挤半径，并根据拥挤半径寻找出 Pareto 前端。

（3）对当前解的集合进行一定邻域上的随机扰动，采用 DDS 算法产生出新的解集。

（4）判断步骤（3）中产生的新解集是否是非劣解，若是则代替原来的解。

（5）重复步骤（2）～步骤（4），直到满足结束条件。

5.2 基于多目标优化的水库群蓄水方案

5.2.1 蓄水调度方案

将水库的蓄水时间提前至汛期末段，必须考虑由此带来的防洪安全问题。本小节利用蓄水调度线指导水库蓄水调度。蓄水调度线通过设置控制水位上限满足防洪的要求，以蓄水调度线为指导的水库蓄水优化调度示意图如图 5.1 所示。

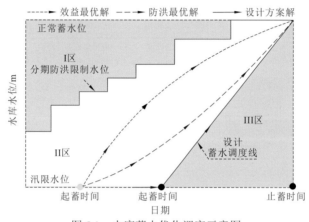

图 5.1 水库蓄水优化调度示意图

假定水库水位在蓄水期分段线性控制，从防洪汛限水位开始逐步抬升至正常蓄水位。具体的防洪目标和蓄水调度规则为：水位位于设计蓄水调度线以下的 III 区时，按照该时段考虑综合利用要求确定的最小流量进行控制；在设计蓄水调度线和分阶段防洪限制水位之间 II 区时，不发生洪水时可按照优化蓄水方案进行蓄水，发生中小洪水时控制最高调洪水位不超过蓄水水位上限并控制最大出库流量不超过下游安全泄量；水位高于分阶段防洪限制水位的 I 区，且发生洪水时需控制调洪高水位不超过水库允许安全水位。此外，在调洪过程中不能出现人造洪峰。

以金沙江下游四库（即乌东德水库、白鹤滩水库、溪洛渡水库和向家坝水库）与三峡水库为例，联合蓄水方案优选流程见图 5.2，其研究内容主要包括两个部分：①风险分析，基于蓄水期不同时间节点的防洪限制水位推求调度方案存在的防洪风险；②兴利效益，基于实测径流资料分析联合蓄水方案的发电和蓄水等综合效益。最终通过一系列评价指标优选出非劣解集，用于指导水库群蓄水调度。

为实现金沙江下游四库与三峡梯级水库联合蓄水调度，水库群蓄水需遵循如下基本原则，即：①同一流域，单库服从梯级水库，梯级水库服从流域；②无防洪库容或防洪库容小的水库先蓄，防洪库容大的水库后蓄，错开蓄水时间，减少流域发生洪灾的风险；③同一条河，上游水库先蓄，下游水库后蓄，支流水库先蓄，干流水库后蓄。同时为确保梯级水库群蓄水期尽可能在总水头较高情况下运行，得到较高的联合保证出力，引入反映单位电能所造成能量损失的 K 值判别式法，将以上蓄水原则与 K 值判别式结合对流域水库群进行蓄水分级，判定各库蓄水时机和次序。梯级水库特征参数及 K 值如表 5.1 所示。

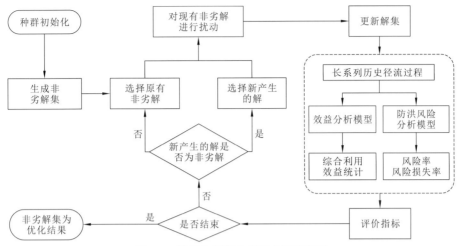

图 5.2　梯级水库蓄水模型求解流程图

表 5.1　梯级水库特征参数及 K 值判别结果

水库	校核洪水位 /m	设计洪水位 /m	正常蓄水位 /m	汛限水位 /m	调节库容 /亿 m³	装机容量 /MW	保证出力 /MW	等级	K 值区间/10⁻⁵
乌东德水库	986.17	979.38	975	952	30.20	10 200	3 150	1	7～306
白鹤滩水库	832.34	827.71	825	785	104.00	16 000	5 500	1	18～240
溪洛渡水库	609.67	604.23	600	560	64.60	13 860	3 850	2	181～581
向家坝水库	381.86	380.00	380	370	9.03	6 400	2 009	3	684～993
三峡水库	180.40	175.00	175	145	165.00	22 400	4 990	3	131～486

各蓄水方案起止时间如表 5.2 所示。乌东德水库防洪库容较小，可考虑在 8 月开始蓄水，9 月中旬蓄满；白鹤滩水库为配合三峡水库以满足长江中下游防洪需要，可在 8 月初起蓄，至 9 月底蓄满；位于金沙江最下游的溪洛渡、向家坝水库由于同时承担川江河段和长江中下游双重防洪任务，水库同步起蓄时间不得早于 8 月 20 日，至 9 月底蓄满；而承担长江中下游荆江河段、城陵矶地区防洪任务的三峡水库按水库近年实际蓄水计划，可允许自 9 月 10 日开始蓄水，枯水年份可进一步提前蓄水时间至 9 月 1 日，控制 9 月末水位不超过 165 m，以应对可能出现的洪水，至 10 月底蓄至正常蓄水位。梯级水库蓄水期不同时间节点的允许蓄水控制水位，如表 5.3 所示。

表 5.2　梯级水库各蓄水方案的起止时间

水库	基础方案		拟定方案①		拟定方案②	
	起蓄时间	蓄满时间	起蓄时间	蓄满时间	起蓄时间	蓄满时间
乌东德水库	8 月 10 日	10 月 10 日	8 月 1 日	9 月 10 日	8 月 1 日	9 月 10 日
白鹤滩水库	8 月 10 日	10 月 10 日	8 月 1 日	9 月 30 日	8 月 1 日	9 月 30 日
溪洛渡水库	9 月 10 日	9 月 30 日	8 月 25 日	9 月 30 日	9 月 1 日	9 月 30 日
向家坝水库	9 月 10 日	9 月 30 日	8 月 25 日	9 月 30 日	9 月 1 日	9 月 30 日
三峡水库	10 月 1 日	10 月 31 日	9 月 1 日	10 月 31 日	9 月 10 日	10 月 31 日

表5.3 梯级水库蓄水期不同时间节点的允许蓄水位　（单位：m）

水库	8月20日	9月10日	9月30日	10月31日
乌东德水库	965	975	975	975
白鹤滩水库	800	810	825	825
溪洛渡水库	560	575	600	600
向家坝水库	370	375	380	380
三峡水库	145	152	165	170

5.2.2 多目标优化结果

利用各水库1950~2015年（共66年）8月1日~11月30日的日均入库流量资料，进行逐年模拟调度，采用PA-DDS算法对各水库的蓄水调度线进行优化计算，以得到在防洪风险可控条件下，发电量与蓄满率较优的可行方案。图5.3优选出拟定方案①风险率最小（3.03%）与拟定方案②风险率最小（0.00%）的非劣解集，并与基础方案目标值进行比较。研究表明：提前蓄水方案均可显著提高梯级水库蓄水期发电量和蓄满率，拟定方案①的

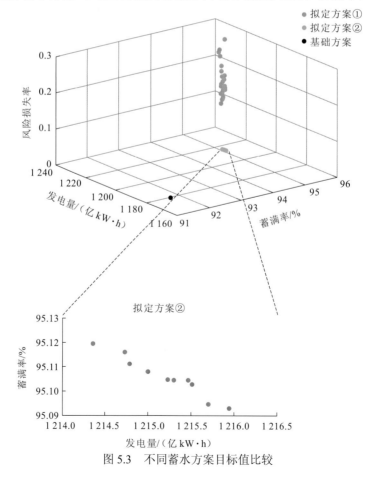

图5.3 不同蓄水方案目标值比较

优化解集相对拟定方案②更为分散,蓄水时间越提前,综合经济效益越大,防洪风险也随之增加。较原设计方案梯级水库蓄水期发电量 1 179.12 亿 kW·h,拟定方案①风险率最小、发电量最大的 Pareto 解(优化方案 A)可提高 51.97 亿 kW·h 发电量,增幅 4.40%;蓄满率由原设计方案的 91.71%提高至 95.72%;对应的风险率为 3.03%,风险损失率达 23.64%。拟定方案②风险率最小、发电量最大的 Pareto 解(优化方案 B)满足在不降低原有防洪标准的情况下,即 R_f、R_s 均为 0.00%时,仍可每年提高 36.82 亿 kW·h 发电量,增幅 3.12%;蓄满率提高至 95.09%。

5.2.3　优化效果

为进一步对比优化方案与基础方案综合效益的差异性,以三峡水库为例,分别以 9 月发生较大洪水的丰水年(1952 年)和来水较枯的 2010 年作为典型年,对优化蓄水调度线进行分析,两个典型年蓄水调度过程见图 5.4 和图 5.5。

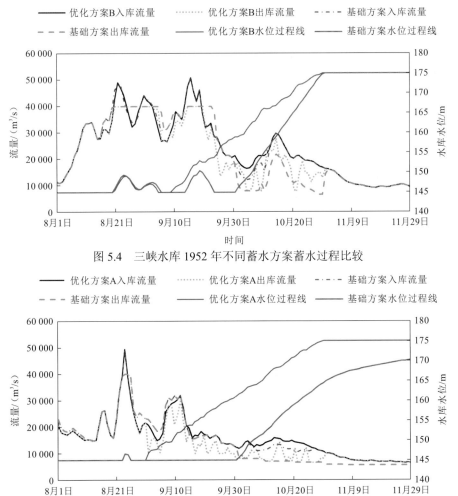

图 5.4　三峡水库 1952 年不同蓄水方案蓄水过程比较

图 5.5　三峡水库 2010 年不同蓄水方案蓄水过程比较

由图可知：1952 年优化方案 B 与基础方案蓄水 10 月底均能蓄至 175 m，但优化方案蓄水期水位一直高于基础方案，发电量为 434.33 亿 kW·h，相比于基础方案，发电量增加了 34.57 亿 kW·h；弃水量为 269.57 亿 m³，相比于基础方案，弃水量减少了 84.70 亿 m³；同时考虑到蓄水期水库及中下游防洪安全，控制蓄水位 9 月底不超过 165 m，实现汛末实测大洪水的调洪最高水位不超过蓄水位上限，至 10 月 31 日蓄满。

2010 年来水较枯，基础方案从 10 月 1 日开始蓄水，蓄水时机过晚，起蓄水位偏低，且上游水库群同时蓄水，致使三峡水库入库流量降低，水库最高水位为 170.22 m，无法达到正常蓄水位 175 m。为提高金沙江四库梯级和三峡水库蓄满率，则必须错开时间并提前蓄水，将三峡水库蓄水时间提前至 9 月 1 日，则 10 月 31 日可正常蓄满。此时，优化方案蓄水期发电量为 295.73 亿 kW·h，弃水量为 43.34 亿 m³，相比于基础方案，发电量增加了 16.65 亿 kW·h，弃水量减少了 11.88 亿 m³。

第 6 章

基于降雨-径流预报的水库蓄水时机判定与水位控制策略

本章引入基于海温多极的降水量中长期预报方法，耦合数据降噪处理方法和统计学习理论，提出水库蓄水期径流量预测模型，为结合来水情势预判安全提前水库蓄水时机提供有效手段；在综合评估流域水文气象预报水平的基础上，根据蓄水期不同来水预期，提出基于 9~10 月不同来水类型和量级的蓄水控制策略，保障蓄水期来水偏枯时使水库尽量蓄水至理想水位。

6.1　基于海温多极的中长期降水预报方法

6.1.1　模型数学描述

海面温度（sea surface temperature，SST）多极指标的空间分布格局及变化通常具有单极、偶极或多极的特征。从该观点出发，定义 SST 多极指标（SST_M）作为降水预报因子：

$$SST\_M = \sum_{i=1}^{n} \psi_i \text{Avg}[K_i] \qquad (6.1)$$

式中：$\text{Avg}[K_i]$ 为第 i 处海洋区域的 SST 的空间平均，ψ_i 为联合系数，其值取-1，0 或+1。从上式可知，SST_M 融合了多处海洋区域的 SST 信号，ψ_i 值反映了不同海洋区域 SST 之间的关联形式，即差异（-1）或叠加（+1）关系，$\psi_i = 0$ 表示预报模型中不考虑该处海洋区域 SST。

根据《水文情报预报规范》（GB/T 22482—2008）规定，中长期定量降水预报误差在实测值的 20%范围内为合格，用合格率（P）评估定量降水预报精度：

$$P = \frac{B}{A} \times 100\% \qquad (6.2)$$

式中：B 为合格样本个数，A 为样本总数。合格率达到 85%及以上为甲等预报水平，70%～85%为乙等预报水平，60%～70%为丙等预报水平。

较为常用的衡量预报精度的指标有相关系数（R）和平均绝对误差（mean absolute error，MAE）：

$$R = \frac{\sum_{i=1}^{m}(f_i - \overline{f})(o_i - \overline{o})}{\sqrt{\sum_{i=1}^{m}(f_i - \overline{f})^2 \sum_{i=1}^{m}(o_i - \overline{o})^2}} \qquad (6.3)$$

$$MAE = \frac{1}{m}\sum_{i=1}^{m}|f_i - o_i| \qquad (6.4)$$

式中：f_i 为预报值，o_i 为实测值，m 为序列长度。

6.1.2　研究案例与应用效果

选取长江上游区间作为研究区域，对汛期（5～10 月）月降水量进行预报。分别以预报对象（月降水量）的前 1～3 个月 SST 作为预报因子，考察海温多极方法的合理性和精度。研究数据包括长江上游降水数据和全球 SST 数据。降水数据为 0.5°×0.5°逐日格点数据，来源于中国气象局（China Meteorological Administration，CMA），SST 数据为 5°×5°逐月格点数据，来源于美国国家海洋和大气管理局（National Oceanic and Atmospheric Administration，NOAA）。数据时间跨度均为 1961～2017 年。将数据资料分为率定期（1961～2000 年共 40 年）和检验期（2001～2017 年共 17 年）。采用合格率、相关系数和平均绝对误差作为评价指标。

表 6.1 给出了模型率定期的模拟结果。由表可知,率定期模型合格率超过 80%,大部分情况下达到 85%,即甲等预报水平。预报与实测序列呈高度相关,特别是 6 月和 8 月,相关系数绝大多数在 0.7 以上。5 月、6 月、9 月和 10 月预报的平均绝对误差为 7～11 mm,7 月和 8 月的平均绝对误差为 15～18 mm,说明率定期模型模拟效果良好。

表 6.1 率定期(1961～2000 年)海温多极预报长江上游汛期月降水量结果

指标	SST 领先时间	5 月	6 月	7 月	8 月	9 月	10 月
	前 1 个月	87.5	100.0	92.5	82.5	90.0	82.5
P/%	前 2 个月	85.0	95.0	87.5	87.5	95.0	82.5
	前 3 个月	85.0	90.0	90.0	87.5	95.0	82.5
	前 1 个月	0.586	0.781	0.610	0.776	0.614	0.628
R	前 2 个月	0.554	0.723	0.598	0.747	0.624	0.634
	前 3 个月	0.520	0.695	0.606	0.750	0.657	0.660
	前 1 个月	8.245	8.735	15.627	17.103	10.572	8.149
MAE/mm	前 2 个月	9.218	9.658	16.334	17.457	10.330	7.854
	前 3 个月	9.775	10.148	16.000	16.959	9.575	7.804

表 6.2 给出了模型检验期的模拟结果。对比率定期模拟结果发现,除 8 月模型预报效果有所下降之外,其余月份的预报能力与率定期相当,其中 6 月、9 月和 10 月仍保持甲等预报水平。平均绝对误差在 5 月、9 月和 10 月略小于率定期,均在 10 mm 以下,在主汛期 6～8 月则略大于率定期。总体而言,模型在检验期仍有良好的预报能力,说明基于海温多极的预报方法合理可行。

表 6.2 检验期(2001～2017 年)海温多极预报长江上游汛期月降水量结果

指标	SST 领先时间	5 月	6 月	7 月	8 月	9 月	10 月
	前 1 个月	88.2	94.1	82.4	70.6	88.2	88.2
P/%	前 2 个月	82.4	94.1	82.4	76.5	94.1	94.1
	前 3 个月	82.4	88.2	82.4	82.4	94.1	94.1
	前 1 个月	0.769	0.776	0.795	0.720	0.708	0.766
R	前 2 个月	0.733	0.748	0.744	0.694	0.724	0.798
	前 3 个月	0.715	0.723	0.766	0.745	0.746	0.848
	前 1 个月	6.866	10.460	16.616	17.922	9.932	7.224
MAE/mm	前 2 个月	7.232	10.558	17.250	18.242	9.647	6.988
	前 3 个月	7.779	10.842	16.828	17.631	9.340	6.659

6.2　确定性月径流预报模型

6.2.1　模型数学描述

以三峡水库为例，运用奇异谱分析（singular spectrum analysis，SSA）方法对三峡水库的月径流资料进行降噪处理，并采用人工神经网络（artificial neural network，ANN）和支持向量机（support vector machine，SVM）建立确定性预报模型。

奇异谱分析是一种广义功率谱。可将所观测到的一维时间序列转化为轨迹矩阵，并对轨迹矩阵进行分解、重构处理，从而提取出能代表原时间序列不同成分的各种信号，如周期信号、趋势信号、噪声信号等。利用 SSA 进行降噪处理需对两个重要参数，窗口长度 L 与贡献成分 p 进行取值。本研究中窗口长度 L 取 11，贡献成分 p 选取子序列与原序列互相关系数为正的部分。

人工神经网络广泛运用于科学、工程等诸多领域，其具有并行性、非线性映射能力、鲁棒性和容错性、自学习和自适应等特点。通常，一个神经网络模型具有三层结构，即输入层、隐含层和输出层，层与层之间通过权重连接。其中，输入层作为数据输入层，隐含层作为数据处理层，输出层给出数据处理后结果。本书构建三层 BP 神经网络，其中输入层分别为 1、2、3、4、5、6、9、12 个节点，隐含层 7 个节点，输出层 1 个节点，利用动态自适应性学习率的梯度下降算法训练得到 ANN 确定性预报模型。

支持向量机是基于结构风险最小化原则，将最优分类问题转化为求解凸二次规划问题，得到全局最优解，较好地解决局部极小值的问题，同时在一定程度上克服了"维数灾"和"过学习"等传统困难，因此在文本过滤、数据挖掘、非线性系统控制等领域广泛应用。本书选用 σ 作为参数的高斯（Gauss）径向基函数，分别采用前 1 月、2 月、3 月、4 月、5 月、6 月、9 月、12 月的径流数据作为自变量，当前月份的月径流作为因变量，利用遗传算法进行参数率定，得到 SVM 确定性预报模型。

6.2.2　三峡水库月径流预报效果

利用 1882～1988 年实测月径流建立 ANN、SVM 确定性预报模型。采用 1989～2016 年数据进行预报检验，为评判模型的模拟预测能力，采用纳什效率系数（Nash-Sutcliffe efficiency coefficient，NSE）、水量平衡系数进行评估。通过分析，SVM 模型稍优于 ANN 模型，当采用前 2 个月及以上的径流数据作为预报因子，月径流 ANN、SVM 预报模型率定期和检验期纳什效率系数均接近或超过 0.9，水量平衡系数均接近于 1，预报结果良好。利用前 4 个月的径流数据作为预报因子（SVM-4 模型），NSE 即可达到最高，为最优模型。

采用建立的基于 SVM 的三峡水库月径流预报模型，对蓄水调度起关键作用的 9 月入库径流量进行预报。经研究 SVM 模型 1882～2016 年 9 月预报值与实测值的关系比较密切，相关系数达到 0.728 3，故该预报模型可一定程度上应用于三峡水库 9 月的径流预报，即认为在 8 月末，可以较为准确预测判断 9 月的来水情况，为三峡水库蓄水时机决策提供科学依据（图 6.1）。在实际工作中，还可根据 9 月的定量降雨预报信息，一并估计判断 9 月来水的丰、平、枯情况。

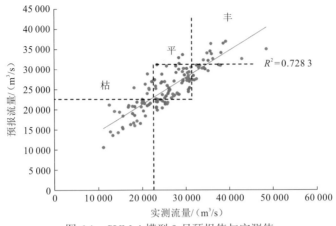

图 6.1　SVM-4 模型 9 月预报值与实测值

6.3　基于水文预报的三峡水库蓄水策略

6.3.1　流域水文气象预报水平综合评估

为合理确定水库群蓄水时机，防范相应风险，需借助一定预见期的水文气象预报，为此有必要对目前不同预报预见期的预报水平加以分析，评估支撑水库群蓄水调度的预报信息可利用性，为进一步制定水库群联合蓄水调度方案提供支撑。为应对实时蓄水调度过程中遭遇蓄水期大洪水时的防洪安全，需要考虑 3~5 天的降水和洪水预报；为合理制定水库群蓄水策略，控制水库蓄水进程，更为关心考虑较长预见期的来水趋势预报。

1. 降水预报成果水平分析

降水预报是使用现代科学技术对某个地点（区域）未来一定时期内的累计降水量进行事先的估计和预告，对延长水情预报的预见期起重要作用。长江流域防汛降雨预报业务主要提供流域内上至金沙江、下至南京干流及主要支流水系的降雨实况及预见期内降雨信息。从预见期长度划分，现代的降水预报主要包括短临降水预报（0~12 h）、短期降水预报（1~3 天）、中期降水预报（4~7 天）、延伸期降水预报（8~20 天）和长期降水预报（1 个月~1 年）5 类，其中，短临降水预报、短期降水预报的精度最高，而长期降水预报目前只能做到定性的趋势预测。

长江流域降水预报目前采用的是短中期降水预报、延伸期降水预报和长期降水预报相结合的预报方法。其中：短中期降水预报对长江流域 39 个分区未来 7 天逐 24 h 定量面雨量进行预报，同时根据水文预报需求可提供加密分区、逐 6 h 滚动预报；延伸期降水预报对象为长江流域 14 个大分区 8～20 天的降水过程预报,主要是对未来强降雨过程进行预判;长期降水预报是对未来 1 个月～1 年的降水趋势进行预测,即流域降水相对于多年平均态偏多或偏少的趋势,根据预测时间长短可分为年度、季节、月降水趋势预测等。

1）短中期降水预报水平分析

当前,长江水文气象业务开展 1～7 天定量降水预报主要是基于数值模式,其中预见期 24～48 h 内的预报还结合天气学方法、遥感资料进行融合订正,48 h 以外随着预见期的延长,则主要依赖于多中心全球确定性和集合中期数值模式系统。目前,短期 1～3 天的定量面雨量预报精度较高,可直接用于水文预报,4～7 天的降水过程预报较准确,可以为水文预报提供更长的预见期。

对三峡水库试验性蓄水以来长江上游、清江、洞庭湖水系等区域的短中期降水预报进行了精度评定,得出以下几点结论。

（1）对于长江上中游短期降水预报精度而言,24 h、48 h、72 h 降水预报的平均准确率分别为 74.4%、73.3%、72.0%,平均漏报率分别为 1.1%、1.0%、1.4%,平均空报率分别为 1.9%、2.0%、2.5%。短期降水预报随着预见期延长,准确率略有降低,漏报率及空报率略有增加,且空报率均大于漏报率。

（2）预报降水量级方面,无雨及小雨预报的准确率明显比其他量级高,1～3 天预报无雨、小雨的准确率分别达到 97.4%～98.7%、90.1%～91.4%。预报中雨以上量级,虽然预报准确率较低,但漏报率也很低,存在一定的空报现象。

（3）3 天内预报无雨时,漏报率在 2.5%以下,实际发生中雨及以上量级的概率很小;3 天内预报小雨时,漏报率在 1.3%以下,实际发生大雨及以上量级的概率很小。

（4）中期降水预报从定性来看,对长江上游降雨过程的有无,预报准确率极高,未来一周的降雨过程基本能 100%在中期预报中体现,有极好的预报警示作用;对长江上游降雨过程强度的预报,准确率达 75.6%,中期降水过程强度预报偏弱的次数较偏强的次数多。

2）延伸期降水预报水平分析

延伸期降水预报作为现有中期降水预报的延伸,衔接了现有天气预报（≤10 天）和气候预测（≥30 天）之间的时间缝隙,其预报困难的原因在于延伸期的预报时效超越了确定性预报的理论上限（2 周左右）,而预报对象的时间尺度又小于气候预测的月、季时间尺度。

目前,大气季节内振荡（intraseasonal oscillation,ISO）、马登-朱利安振荡（Madden-Julian oscillation,MJO）等低频信号是延伸期降水预报的主要可预报性来源。在此基础上,借助于动力模式、统计方法来进行延伸期降水预报。随着研究和实践的深入,延伸期降水预报从最初的降水趋势预报逐渐向降水过程预报、逐日雨量预报发展。目前,长江流域延伸期降水预报通过对月尺度集合数值预报模式的释用和延伸期统计后处理技术,提高了延伸期面雨量过程预报产品的可用性,并直接纳入调度会商决策,对强降水过程具有一定参考意义。

前述 6.1 节利用不同海洋区域 SST 信号进行长期定量降水预报的海温多极方法,可采用前 3 个月的海温多极指标预报 8～10 月的月降水量。长江上游 1961～2017 年汛期的月降水量预报模拟表明，运用该方法 9 月预报精度达到甲等预报水平，具有良好的预报能力，可为本阶段开展考虑降水预报的延伸期来水丰枯情势判断提供重要参考。

2. 水文预报成果水平分析

准确的水情预报是提高水库调度综合效益的关键手段。长江流域防汛管理机构在汛期，可发布宜昌站及荆江河段未来 3 天的水位或流量过程预报，城陵矶站以下未来 5 天的水位或流量过程预报。

目前，短期洪水预报精度与工程的地理位置、流域特征、降雨过程及落区有关，一般来说，结合降水预报，对于长江上游 1～3 天、长江中下游 3～5 天预见期的预报具有较高的精度，可为水库调度提供保障服务。如果进一步采取水文与气象相结合，利用降雨过程和降雨强度分布中期预报成果，可进行中期来水量过程预报。

对不同预见期下的三峡水库入库流量及水量、沙市站水位、莲花塘站水位等预报成果进行精度评定，得出以下几点结论。

（1）入库流量短期 1～3 天预见期预报值平均相对误差均小于 9%，预报合格率为 89.35%～90.54%，精度较高；4～5 天预见期预报值平均相对误差为 10.52%～12.92%，预报合格率为 79.00%～86.21%。

（2）分析了不同预见期沙市站水位 40 m 以上时预报误差水平，结果表明较高水位时沙市站水位预报精度较高，1～3 天预见期平均绝对误差为 0.16～0.37 m，预报成果可靠；对近年来莲花塘站不同预见期水位预报精度和保证率误差进行统计，结果表明莲花塘站 1～5 天预见期平均绝对误差为 0.06～0.28 m，合格率均大于 75%，精度较高。

（3）试验蓄水期以来的三峡水库入库流量中期预报实践表明，5～10 天的预报平均相对误差基本也在 ±20% 以内，通过短中期预报耦合，并适时结合长期预报把握趋势，利用人工校核和滚动校正消纳预报的不确定性，可为三峡水库调度提供一定的参考。

前述 6.2 节运用奇异谱分析方法对三峡水库的月径流资料进行降噪处理，采用支持向量机建立确定性预报模型，实现了三峡水库的月径流预报，可为本阶段开展延伸期来水丰枯情势判断提供一定参考。

水库群蓄水期可蓄水量主要取决于来水量。如果能够提前知悉一定预见期内来水量级，可为制定水库群蓄水期调度策略争取主动。虽然按照当前的气象水文预报水平，往往难以定量、精确地给出未来较长时段的径流量，但定性地判断未来一段时间的来水趋势，已有了一定的方案和把握。综上，基于目前定量降水预报产品等的进步和基于人工智能等的水文预测预报方法的应用，本书中认为目前的水文气象预报可以提供 1～5 天较为可靠的水情预报，同时考虑各类可利用预报信息，可以提供较为准确的 10 天～1 个月水情丰枯情势判断，为应对不同来水情势下水库群蓄水策略的制定提供支撑。

6.3.2　考虑月径流预报的蓄水时机选择

为实现对 9 月不同来水情况下三峡水库蓄水时机的优化选择，采用 *k*-means 聚类算法将三峡水库 1882～2016 年 9 月的历史径流进行分类处理，聚类结果如图 6.2 所示。聚类的种类 k 需事先给出，本书中 k 值定为 3，将三峡水库月径流分为丰、平、枯三类。以月均流量超过 31 400 m³/s 为丰水月（25 年），小于 22 600 m³/s 为枯水月（40 年），两者之间为平水月（70 年）。若 8 月下旬通过预报模型判断 9 月来水为枯水月，可将起蓄时间适当提前，以提高三峡水库蓄水期发电量及蓄满率。

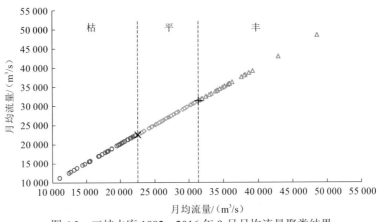

图 6.2　三峡水库 1882～2016 年 9 月月均流量聚类结果

6.3.3　考虑滚动预报的逐阶段蓄水策略

依据短中期和延伸期不同预报量级来水条件制定三峡水库蓄水方式，需要解决两个方面的问题：一是当预报蓄水期来水偏枯时，研究如何能尽量使后期蓄水至理想水位；二是当预报蓄水期来水偏丰时，研究如何在蓄水时控制蓄水进程，达到上下游防洪安全可控。

在实际蓄水调度运用时，由于水文预报不可能是完全准确的，所以蓄水决策过程不是确定的，而是随着水文预报过程不断滚动和更新。短期预报（1～3 天）主要用于制定实时蓄水调度时滚动决策蓄放水策略，中期预报（4～7 天）主要用于制定蓄水调度过程中下游和库区防洪风险规避措施，延伸期预报主要用于为保证蓄水目标完成而制定的 9 月 10 日、9 月 30 日等蓄水进程关键节点控制决策。

由近年三峡水库预报精度评定可知，三峡水库入库流量中期预报，1～3 天预报平均相对误差在 10% 以内，4～5 天预报平均相对误差在 10%～15%，5～10 天预报平均相对误差基本在 15%～20%。虽然中期预报误差稍大，但基本在 20% 以内。蓄水期应结合中长期水量预报，若能逐 10～15 天滚动研判和预测 9～10 月来水丰枯趋势和来水量级，则每年的蓄水调度策略基本是可以把握的。由此可见，在安排蓄水计划时，根据目前中长期水文预报来水状况和考虑一定的范围误差可判定后期蓄水策略。

汛末不同时段预报不同量级来水条件下三峡水库蓄水策略如图 6.3 所示，其意义在于：根据下一旬预报入库流量量级和当前水位情况，可综合判定下一个蓄水节点是否可达到目标蓄水位。其中，图 6.3（a）～（e）分别为预报 9 月中旬、9 月下旬、10 月上旬、10 月中旬和 10 月下旬 5 个时段不同流量条件下的蓄水策略。各图中虚线为不同来水量级分区分界线，虚线与实线交叉区间即为可能蓄水决策区间。在当前水位确定的情况下，可根据阶段预报成果分析研判下一节点的蓄水位值，进而根据 1～3 天预报结果实时调整蓄水策略，确保各阶段蓄水工作顺利进行。

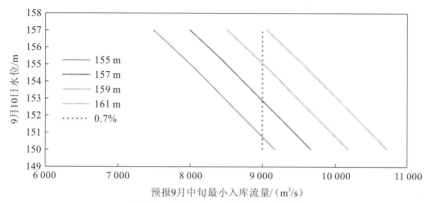

（a）预报9月中旬不同流量条件下的蓄水策略

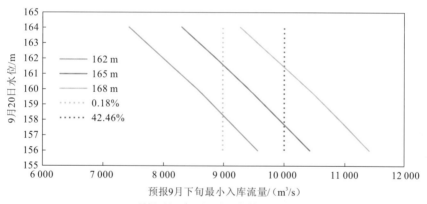

（b）预报9月下旬不同流量条件下的蓄水策略

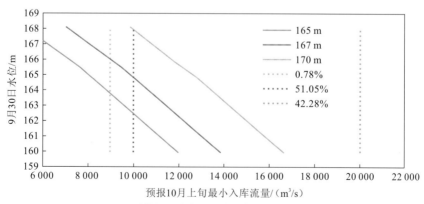

（c）预报10月上旬不同流量条件下的蓄水策略

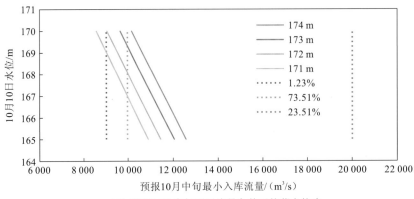

（d）预报10月中旬不同流量条件下的蓄水策略

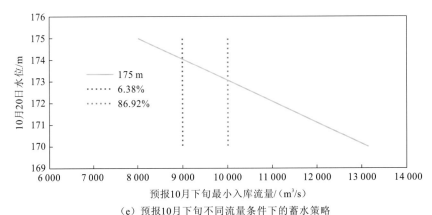

（e）预报10月下旬不同流量条件下的蓄水策略

图 6.3   预报不同时期不同量级来水条件下蓄水策略组合

以图 6.3（a）中预报 9 月中旬不同流量条件下的蓄水策略为例，9 月中旬三峡水库入库流量介于 9 000～<10 000 m^3/s 的概率为 0.7%，介于 10 000～<20 000 m^3/s 的概率为 30.0%，介于 20 000～<30 000 m^3/s 的概率为 46.7%，对应图中虚线右侧区域出现的概率。从概率分布来看，9 月中旬入库流量主要集中在 20 000～<30 000 m^3/s，已经超出了图 6.3（a）的范围，因而不存在蓄水问题，而流量介于 9 000～<10 000 m^3/s 虽然发生概率较小，但一旦发生，仍然面临决策 9 月 20 日蓄水至何种水位的问题，该决策需要视当前水位而定。同理，可据此图依次判断各阶段蓄水方式。

第 7 章

基于水情预判的三峡水库蓄水进程优化

本章在分析三峡水库汛期末段分阶段蓄水控制水位各类限制因素，特别是长江中下游对上游水库群防洪库容需求的基础上，综合考虑汛期末段 9 月洪水量级变化特征和规律、上下游防洪影响等，结合径流丰枯判别，对三峡水库 9 月各阶段最高允许蓄水位开展优化研究，以应对枯水年份三峡水库欠蓄对流域水资源综合利用带来的不利影响。

7.1　流域枯水预判条件

　　长江上游来水和水库蓄水情况直接影响三峡水库入库水量，同时长江中下游城陵矶地区丰枯情势与宜昌来水具有一定的同步性，因而流域特枯水年的形成与梯级水库上下游水文情势均有一定的关联。

7.1.1　上游来水情势

　　采用长江上游干支流主要控制站屏山站、高场站、北碚站、武隆站 1954～2014 年同步资料，选取典型枯水年份，根据长江上游前期 7～8 月来水距平情况，分析枯水地区组成，结果如表 7.1 所示。

表 7.1　蓄水期典型枯水年份 7～8 月上游前期来水距平统计表　　　（单位：%）

年份	屏山站	高场站	北碚站	武隆站	干流区间
1959	−18.5	20.6	−9.8	−38.7	−27.1
1972	−15.8	−18.6	−19.9	−69.7	−45.1
1977	−21.0	−7.4	−4.5	12.0	−5.4
1978	−0.7	−5.7	−15.2	−45.4	−31.2
1992	−28.4	11.1	19.0	−31.3	−34.7
1996	10.1	−3.0	−46.9	95.3	28.0
1997	−0.1	−20.4	−49.1	24.4	−10.6
2002	27.8	−26.3	−62.9	24.9	−7.7
2006	−38.9	−41.9	−63.5	−67.7	−50.8
2009	15.8	−7.8	17.6	−55.0	−5.7
2011	−32.3	−29.5	−1.7	−50.6	−41.1
2013	−23.3	−4.0	67.5	−66.9	5.6

注：干流区间洪水采用同期屏山站、高场站、北碚站、武隆站及宜昌站日径流资料，并考虑传播时间进行水量平衡计算推求。

　　由表分析可知：枯水年份上游来水不足的情况大多自汛期开始便有所体现。所选取的年份汛期 7～8 月上游主要支流及干流区间来水中通常有三个分区及以上来水偏枯（除 1996 年），如 1972 年、1978 年、2006 年、2011 年所有分区来水均少于正常年份；同时，从偏枯的程度上看，至少有 2 个分区及以上来水偏枯接近或超过 2 成，且至少有 1 个分区及以上来水偏枯接近或超过 4 成（除 1977 年外）。当然，由于长江流域来水地区组成复杂，年内旱涝急转事件时有发生，如 1973 年、1988 年、2001 年均有半数支流来水偏枯，但 9 月来水明显转丰，所以不能单纯从汛期来水对蓄水期水情进行研判。

上游来水的不足一方面可能反映上游水库群蓄水的不足，另一方面则集中反映在三峡水库入库径流上。以对三峡水库蓄水非常关键的 9 月上旬来水情势为例，对历史 9 月上旬三峡坝址径流量进行排序分析，结果见表 7.2。可以发现上述典型枯水年份 9 月上旬均呈现偏枯或特枯状态，同时蓄水期枯水的延续性相对较强，大多数年份枯水均发展至 10 月，造成后续蓄水压力。

表 7.2　蓄水期典型枯水年份三峡水库逐旬径流统计表（按 9 月上旬径流量排序）　　（单位：m³/s）

排序	年份	8 月			9 月			10 月		
		上旬	中旬	下旬	上旬	中旬	下旬	上旬	中旬	下旬
1	2011	28 000	16 700	14 400	10 400	20 300	19 000	14 800	14 000	9 430
2	1997	20 700	17 900	14 600	11 900	10 500	17 200	17 700	14 800	10 500
3	1959	23 800	37 900	21 700	12 900	13 100	14 900	12 600	11 800	11 600
4	2006	11 000	8 220	9 470	13 900	11 000	12 000	12 400	13 900	12 400
5	1992	22 600	18 400	16 800	14 500	12 300	16 700	21 700	13 500	12 900
6	1972	23 100	16 000	11 600	14 600	19 200	14 000	15 000	11 600	
7	2002	24 300	40 400	33 900	14 600	10 900	11 600	11 700	11 000	10 100
8	1977	26 700	24 500	19 300	17 700	18 300	18 800	17 100	15 300	13 900
9	1970	36 000	28 300	18 200	17 800	14 800	27 400	24 400	19 800	13 100
10	1996	32 900	26 600	19 900	18 300	18 100	16 900	15 300	13 700	9 820
11	1971	15 300	21 600	27 500	18 900	19 200	21 800	24 500	16 400	15 000
12	2013	24 300	20 000	14 500	19 400	25 100	18 600	13 300	10 800	9 140
13	1978	25 200	27 600	18 800	19 500	23 300	18 700	14 900	12 100	12 000
14	2009	38 700	24 600	28 900	19 600	21 000	18 100	13 700	13 000	10 200
Min		11 000	8 220	9 470	10 400	10 500	11 600	11 700	10 800	9 140
95%分位数		15 300	15 000	13 000	13 600	12 000	15 200	13 100	12 000	10 000
75%分位数		20 800	19 500	19 600	19 700	20 300	18 700	17 100	14 400	12 100

注：①黄色方格为挑选的枯水典型年；②橘色方格为同期旬来水偏枯年份，来水频率 75%左右及更枯；③红色方格为同期旬来水特枯年份，来水频率 95%左右；④白色方格为同期平或偏丰年份。

考虑到金沙江来水是三峡水库入库径流的重要组成部分，且较为稳定，通过分析金沙江干流蓄水期径流特性，为溪洛渡、向家坝水库与三峡水库联动蓄水时机的选择提供支撑。同理，对历史 9 月上旬金沙江径流系列进行排序分析，结果见表 7.3。由表 7.3 可知，枯水年份金沙江蓄水期来水与三峡水库来水有较好的同步性，9 月上旬偏枯典型年份与三峡水库 9 月上旬偏枯年份较为一致，包括了除 1977 年、2009 年和 2013 年以外的枯水典型。这样的枯水同步性为溪洛渡、向家坝水库结合来水情势预判和三峡水库蓄水安排制定自身蓄水策略提供了良好条件。

表 7.3　蓄水期典型枯水年份金沙江逐旬径流统计表（按 9 月上旬径流量排序）　（单位：m³/s）

排序	年份	8月			9月			10月		
		上旬	中旬	下旬	上旬	中旬	下旬	上旬	中旬	下旬
1	2011	6 990	6 390	4 730	3 780	4 620	5 270	4 940	3 860	3 340
2	2006	4 400	3 380	4 640	4 670	6 000	5 060	6 680	5 550	3 580
3	1982	8 640	5 530	5 450	5 370	10 600	10 500	7 830	5 500	4 210
4	1959	9 210	11 800	6 600	5 660	5 060	5 570	4 620	4 830	4 880
5	1967	7 460	8 400	6 660	6 040	7 350	7 590	7 120	6 250	4 550
6	1971	7 600	10 530	9 900	6 200	7 440	8 570	6 430	6 200	5 020
7	1992	7 130	4 750	6 530	6 410	4 720	5 980	4 850	4 320	4 860
8	1996	11 300	10 780	6 830	6 540	6 990	7 140	6 920	5 230	3 940
9	1973	9 810	8 350	7 020	6 600	10 100	10 000	5 670	4 570	4 260
10	1984	9 120	6 680	7 890	6 630	6 500	7 340	4 700	3 710	3 820
11	1978	11 900	10 800	7 090	6 800	8 540	9 440	7 320	5 720	4 690
12	2002	12 500	17 100	10 900	6 810	6 020	6 240	6 940	5 400	4 120
13	1997	8 560	6 930	6 610	6 840	6 520	10 300	8 890	6 110	4 420
14	1972	13 900	7 660	5 010	6 880	7 080	6 990	5 320	4 580	3 510
Min		4 400	3 380	4 640	3 780	4 620	5 060	4 620	3 710	3 130
95%分位数		5 950	4 640	4 990	5 590	5 580	5 880	4 920	4 430	3 490
75%分位数		7 570	7 260	7 390	6 970	7 060	7 390	6 210	5 230	4 320

注：①黄色方格为挑选的枯水典型年；②橘色方格为同期旬来水偏枯年份，来水频率 75%左右及更枯；③红色方格为同期旬来水特枯年份，来水频率 95%左右；④白色方格为同期平或偏丰年份。

7.1.2　下游来水情势

沙市站、城陵矶站水位是长江中下游防洪需求的重要体现，也是蓄水需要考虑的重要因素。

绘制典型枯水年份沙市站 8～9 月水位过程如图 7.1 所示。由图 7.1 分析表明，沙市站水位特枯年份与上游来水较为一致，荆江河段无论是否受三峡水库调度影响，均可能出现上下游同枯的情况，如特枯年份 1959 年、2002 年和 2006 年。对于沙市站水位，当上游遭遇枯水时，一般其 9 月上旬水位在 38 m 以下。考虑到三峡水库提前蓄水主要兼顾城陵矶地区防洪库容的释放，对荆江河段预留的防洪库容占用较少，同时对荆江河段的防洪风险有较为完善的防范措施，因而遭遇枯水年份，实施提前蓄水对荆江河段的防洪影响一般较小。

城陵矶站水位受长江干流和洞庭湖上游支流"四水"来水的共同影响，江湖关系非常复杂。天然状态下，汛期长江干流水位高，湖区水位受长江洪水顶托，可维持较高水位。进入蓄水期，湖区和长江干流来水均减少，湖区水位逐步下降，一般 10 月下旬城陵矶站平均水位降至 25.0 m 左右。因而城陵矶站水位既反映防洪情势，也是枯季抗旱补水的主要参数指标。绘制典型枯水年份城陵矶站 8～9 月水位过程如图 7.2 所示。

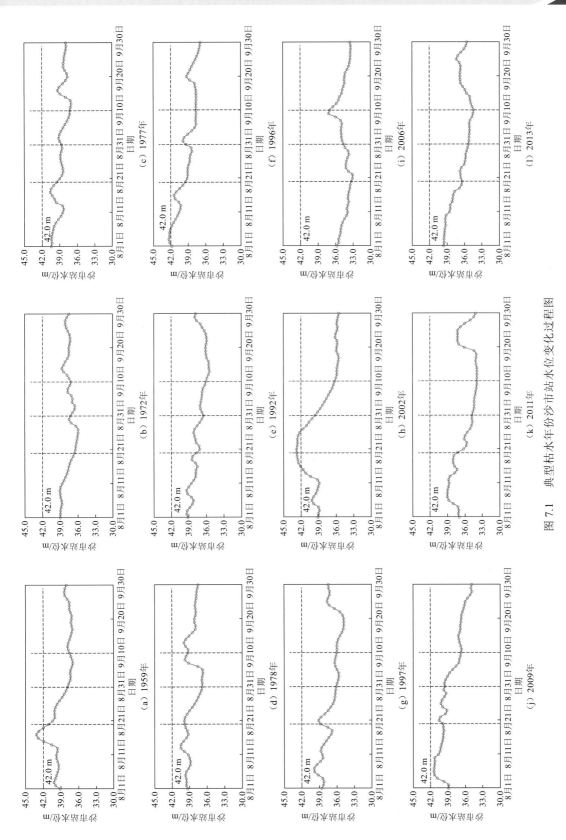

图 7.1　典型枯水年份沙市站水位变化过程图

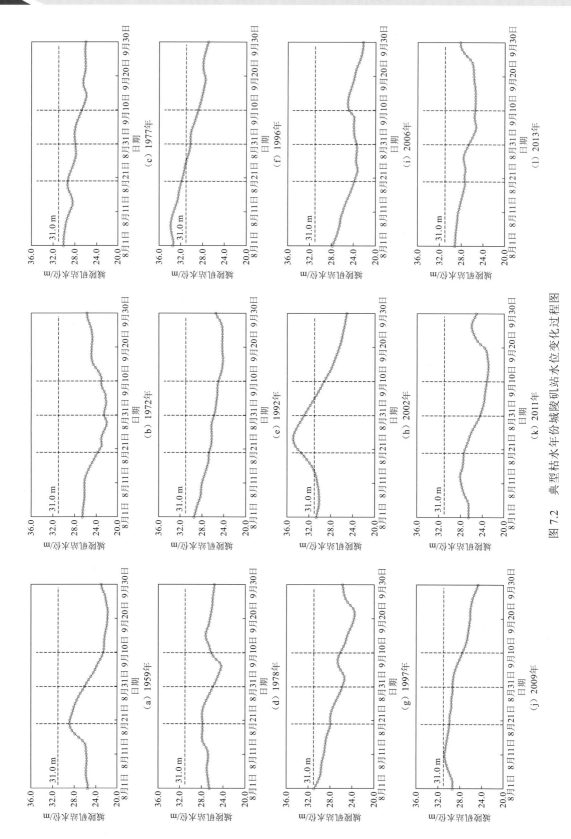

图 7.2　典型枯水年份城陵矶站水位变化过程图

由图 7.2 分析可知，城陵矶站枯水年份 8～9 月水位变化过程呈现一些共性特点：一方面，进入 8 月中下旬以后水位基本处于低水位平台或呈消退态势，这也与城陵矶地区多年平均来水的年内变化规律一致，其特点在于蓄水期来水量级相较正常年份偏少，故除个别年份（如 1996 年、2002 年、2009 年）8 月上旬以前来水较丰、水位较高以外，其他年份水位较正常年份低，一般 8 月中旬已逐步退至 28 m 以下，旱象初显，同时即便后期 9 月有所回升，也一般不超过 26 m，部分年份继续衰退至 24 m 以下，低于正常年份 10 月城陵矶站平均水位；另一方面，即便前期由于承纳洪水导致底水较高，进入水位衰退期后下降速率较快，日平均降幅可达到 0.15～0.20 m/d，如 1959 年、2002 年水位在 20 天之内降低了超过 6 m，日降幅约 0.30 m/d。

综上，根据 8 月中下旬湖区底水基础，从上游汛期来水、水库群蓄水状况结合 9 月上旬径流预报，可对流域蓄水期枯水的研判提供一定的指示作用。

7.2　三峡水库蓄水进程控制方案比选

7.2.1　三峡水库 9 月不同阶段蓄水控制水位空间

1. 三峡水库 9 月底蓄水控制水位的制约因素

三峡水库 9 月底蓄水控制水位的制约因素包括防洪安全保障、电网负荷特性、库区淹没损失、库区泥沙淤积等。

1）防洪安全保障

考虑到三峡水库防洪任务艰巨，一般要求三峡水库上游的水库应先于其蓄水，并尽可能在 10 月前基本完成蓄水目标，保障后期三峡水库蓄水。因而，9 月 10 日三峡水库开始蓄水后至 9 月底，考虑上游水库群将逐步完成蓄水，从偏于安全考虑，长江中下游（主要是荆江河段）的防洪任务主要由三峡水库承担。

《优化调度方案》研究阶段根据汛期洪水变化特点，按洪水跨期选样方法选取汛末洪水样本，提出了宜昌站和枝城站汛末期 9 月 15 日以后的设计洪水成果。以 9 月底不同控制水位作为起调水位，通过对不同典型 9 月 15 日以后设计洪水按照三峡水库对荆江河段防洪补偿调度方式进行调洪计算。结果表明：当水位在 165 m 以下时，遇 9 月 15 日以后 $P=0.1\%$ 以下各频率、各典型洪水调洪最高水位均不超过 171 m；当水位在 170 m 以下时，遇 9 月 15 日以后 $P=1\%$ 洪水时，调洪最高水位不超过 171 m。进一步从安全考虑，《三峡调度规程》研究阶段采用 9 月 10 日以后设计洪水对三峡水库 9 月可蓄水位进行了复核。调洪计算成果表明，当起调水位在 162 m 以下时，$P=0.1\%$ 以下各频率、各典型洪水调洪最高水位均不超过 171 m。

2）电网负荷特性

统计 2014～2018 年蓄水期（9 月 10 日以后）三峡水库出力与水位变化过程如图 7.3～

图 7.7 所示。重点分析 9 月底、10 月初三峡水库蓄水进程受电网负荷特性影响的情况。从图中可以看出，近年来，三峡电站 9 月底至 10 月初的出力除 2016 年以外，均存在明显下降现象，这主要由于国庆期间电网负荷有所降低。为避免三峡水库和葛洲坝下游水位在蓄水期间短时变幅过大，三峡水库需要适当增减出库流量。

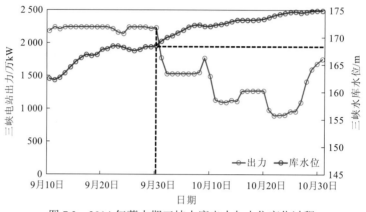

图 7.3　2014 年蓄水期三峡水库出力与水位变化过程

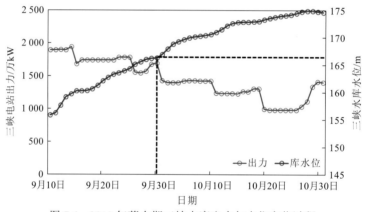

图 7.4　2015 年蓄水期三峡水库出力与水位变化过程

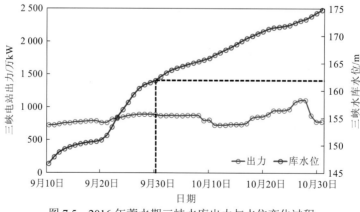

图 7.5　2016 年蓄水期三峡水库出力与水位变化过程

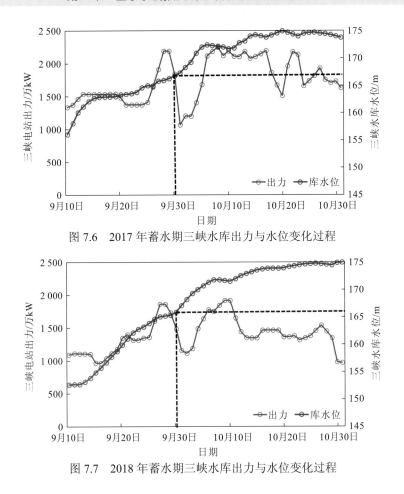

图 7.6　2017 年蓄水期三峡水库出力与水位变化过程

图 7.7　2018 年蓄水期三峡水库出力与水位变化过程

　　从图中还可以看出，除 2016 年外，三峡水库 9 月底水位分别达到 168.58 m、166.41 m、166.79 m 和 165.93 m，均一定程度上超过了《三峡调度规程》提出的 9 月底水位不超 162～165 m 的限制。在实际调度运行中，为适应国庆期间电网负荷较低情况，同时避免后期遭遇秋汛增加三峡水库弃水，一方面，当 9 月中下旬结合中长期来水预测 10 月上旬水库来水偏丰的情况下，有必要及时协调电网需求，视水情工况提前通过增发等方式控制水位抬升进程，以与 9 月末蓄水控制水位相衔接；另一方面，如果无法提前采取措施实现向 9 月底控制水位平稳过渡，应考虑在结合水文预报评估库区与下游保护对象防洪安全的前提下，允许适当抬升 9 月底控制水位，增加三峡水库调度的灵活性。

3）库区淹没损失

　　遭遇秋汛年份，三峡水库 9 月底往往已蓄至较高水位，为避免后期高水位时库区淹没损失，需要适当控制蓄水进程。《三峡调度规程》明确提出，当三峡水库水位已蓄至（接近）175 m，如预报入库流量将超过 18 300 m³/s，应适当降低水库水位运行，避免超土地征收线。

　　以 2017 年为例，进入 10 月后，出现多次入库洪峰达 34 000 m³/s 左右的涨水过程，三峡水库水位持续上涨至 10 月 7 日的 172.54 m 后缓慢下降，控制在 172 m 左右，减轻了库尾防洪压力。

4）库区泥沙淤积

考虑到目前预报水平的提升、上游水库建库拦沙和流域整体防洪能力增强等方面的因素，金沙江下游——三峡梯级水库入库泥沙有所减少，水库群联合蓄水调度模式下存在以下情况。

（1）不同提前蓄水方案溪洛渡库区累计淤积量变化相对较小；水库蓄水时间越提前，蓄水进程越快，库区泥沙淤积量越多，有效库容损失越大，建议在提前水库蓄水过程中，应适当延缓蓄水进程。因上游溪洛渡水库的拦沙作用，向家坝水库的淤积量相对较小，淤积速度较慢，不同蓄水方案间的泥沙冲淤变化不明显，汛末提前蓄水对向家坝水库总库容和防洪库容影响均较小。

（2）上游水库拦沙使三峡水库淤积强度减弱，但库区总淤积量相差不大；且随着库区淤积量的逐渐增多，水库淤积速率在逐步变缓，各方案淤积差别很小。

（3）从三峡库区淤积分布来看，重庆主城区段与朱沱—朝天门段的变动回水区上段，提前蓄水运用后该段累计淤积量变化很小，朝天门—涪陵段的变动回水区中下段和涪陵—坝址段的常年回水区与规划方案相比，各方案淤积量一般偏大。

总体来讲，由于三峡水库入库泥沙的减少，水库及重庆主城区淤积情况较论证阶段的预测值大幅减少，为三峡水库进一步优化调度、更好发挥水库综合效益提供了有利条件；但对于来水来沙较丰的年份，不宜过早预蓄和过快抬高蓄水位。

2. 三峡水库9月上旬预蓄水位空间分析

8月下旬～9月上旬仍然处于长江流域的主汛期，三峡水库9月上旬预蓄控制水位的最主要制约因素为在上游控制性水库群的配合下，能否保障长江中下游荆江河段和城陵矶地区的防洪安全。对于城陵矶地区，当这一时段不以满足城陵矶地区需求为主时，三峡水库可考虑逐步释放158 m以下兼顾城陵矶地区防洪库容；否则，三峡水库需预留一定库容用于保障城陵矶地区防洪安全，即水库群防洪库容的分段预留问题。对于荆江河段，由于这一时段长江上游仍有可能发生较大洪水，核心问题是梯级防洪库容的内部分配问题。

选取汛期末段可能面临的长江上游洪水典型，包括$P=1\%$设计洪水，1896年、1945年实测大洪水，并考虑一定整体放大系数等，假定不同的溪洛渡、向家坝水库可投入配合的防洪库容，分别自三峡水库不同起调水位，进行典型洪水的调洪计算。当需要溪洛渡、向家坝水库配合时，按照《三库联调研究》等提出的溪洛渡、向家坝水库配合三峡水库对荆江河段防洪补偿调度方式进行拦洪削峰（溪洛渡、向家坝水库自三峡水库水位达到158 m后投入使用），进而推求溪洛渡、向家坝水库不同预留防洪库容配合下，三峡水库水位不超171 m所对应的最高起调水位，相应结果如表7.4所示。

表 7.4　上游水库群不同预留防洪库容对应三峡水库起调水位统计表

溪洛渡、向家坝水库预留防洪库容/亿 m³	三峡水库最高起调水位/m							
	P=1%设计洪水		1896 年实测大洪水				1945 年实测大洪水	
	1954 年	1982 年	实测	放大 10%	放大 15%	放大 20%	实测	放大 10%	放大 15%	放大 20%
0.00	156.1	151.7	166.6	161.5	158.2	154.3	168.6	165.0	162.0	158.0
5.00	156.8	152.5	166.9	162.0	158.9	155.1	168.8	165.2	162.5	158.4
10.00	157.6	153.3	167.5	162.7	159.6	155.8	169.1	165.8	162.8	159.1
15.00	157.7	154.1	168.1	163.3	160.3	156.6	169.7	166.4	163.4	159.9
20.00	158.0	154.9	168.6	164.0	161.0	157.3	170.2	166.9	164.1	160.4
25.00	158.6	155.7	169.2	164.6	161.6	157.9	170.3	167.4	164.5	161.0
30.00	159.3	156.4	169.7	165.3	162.3	158.0	170.3	168.0	165.1	161.7
35.00	160.0	157.1	169.8	165.9	163.0	158.7	170.3	168.5	165.7	162.0
40.00	160.7	157.8	169.8	166.5	163.6	159.5	170.3	169.1	166.3	162.5
40.93	160.8	158.0	169.8	166.6	163.7	159.6	170.3	169.2	166.4	162.6

由表可知，从保证荆江河段遭遇 100 年一遇洪水防洪安全角度，如果将溪洛渡、向家坝水库和三峡水库视为一个防洪体系整体考虑，保证荆江河段防洪安全的三库防洪库容组合处于一种相互联系的动态平衡之中。

采用全年 100 年一遇设计洪水调洪结果分析如下。

（1）若仅依靠三峡水库单库对荆江河段进行防洪，遭遇 1982 年典型，三峡水库起调水位不宜高于 151.7 m；遭遇 1954 年典型，单库防洪条件下三峡水库起调水位不宜高于 156 m。

（2）当溪洛渡、向家坝水库预留防洪库容 20 亿 m³ 时，对应三峡水库安全起调水位在 155～158 m；当溪洛渡、向家坝水库预留防洪库容 30 亿～35 亿 m³ 时，三峡水库安全起调水位在 156～160 m。

（3）当溪洛渡、向家坝水库配合长江中下游防洪的库容全部保留，此时三峡水库最高允许起调水位为 158 m。

采用 1896 年、1945 年等典型年汛期末段实际大洪水调洪结果分析如下。

（1）若仅考虑三峡水库单库对荆江河段防洪运用，遇 1896 年和 1945 年实测洪水保证三峡水库水位不超 171 m 的最高起调水位分别为 166.6 m 和 168.6 m。

（2）将实测洪水资料同步放大 10%～15% 进行调洪计算，汛期末段当三峡水库起调水位分别不超过 158 m（1896 年）和 162 m（1945 年）时，溪洛渡、向家坝水库也无须预留库容配合三峡水库对长江中下游进行防洪。

（3）将实测洪水资料同步放大 20%，当上游溪洛渡、向家坝水库预留的防洪库容为 30 亿～35 亿 m³，三峡水库的起调水位可分别不低于 158 m 和（1896 年）和 162 m（1945 年），将在一定程度上限制溪洛渡、向家坝水库 9 月上旬蓄水进程。

7.2.2　三峡水库蓄水进程控制方案拟定

遭遇极端枯水年份，即便上游水库 9 月 10 日后停止蓄水，三峡水库要完成 10 月底蓄满水库的任务，仍需要在 9 月 30 日蓄水到 165～168.2 m 的较高水位，部分年份需达到 169 m。本小节结合三峡水库蓄水的控制因素和后期蓄水需求，暂拟定 9 月底控制水位比较方案为 162 m、165 m、168 m 和 170 m。

实测洪水中，只有个别年份洪峰流量出现在 9 月 10 日之后。由于预蓄主要针对枯水旱情，若 8 月中下旬就已面临上下游枯水现象，比如从 8 月起中下游干流水位与多年同期相比已明显偏低，在充分论证防洪安全与风险分析的前提下，通过科学预报调度，三峡水库可考虑适当提前预蓄时间，适当抬高预蓄水位。综合汛期末段城陵矶地区和荆江河段遭遇不同类型洪水对溪洛渡、向家坝、三峡水库的防洪库容需求，暂拟定 9 月上旬三峡水库预蓄水位比较方案为 150 m、155 m、158 m 和 160 m。

从研究目的出发，对于溪洛渡、向家坝水库，考虑以相对固定的蓄水方式配合。近年调度实践表明：溪洛渡、向家坝水库一般分别于 9 月 1 日和 9 月 5 日起蓄；蓄水进程控制方面，9 月 10 日溪洛渡水库基本在 580 m 以上，向家坝水库则基本在 375 m 以上，部分年份甚至已经蓄至接近 380 m（如 2017 年）。前述研究表明，当溪洛渡、向家坝水库预留配合长江中下游防洪库容为 30 亿～35 亿 m³ 时，可保证大多数情况下本流域和长江中下游防洪安全，为与过往成果衔接并从偏安全考虑，暂规定溪洛渡水库 9 月 10 日控蓄水位 570 m、向家坝水库水位 375 m，此时两库预留防洪库容在 40 亿 m³ 以上，可以满足需求。

综上，拟定三峡水库蓄水进程组合方案如表 7.5 所示。

表 7.5　三峡水库蓄水进程控制方案表

方案编号	溪洛渡水库 （起蓄时间-9月10日控蓄水位）	向家坝水库 （起蓄时间-9月10日控蓄水位）	三峡水库			
			预蓄启动	起蓄时间	9月10日控蓄水位/m	9月30日控蓄水位/m
1	9.1~570 m	9.5~375 m	9月1日	9月10日	150	162
2						165
3						168
4						170
5					155	162
6						165
7						168
8						170
9					158	162
10						165
11						168
12						170
13					160	162
14						165
15						168
16						170

7.2.3　不同蓄水方案水库群蓄水效果

1. 蓄水指标

采用 1959～2014 年长系列径流资料，开展长江上游水库群联合蓄水模拟调度，统计不同方案下三峡水库蓄水指标。不同方案主要动能指标、汛后蓄满率、蓄水期间下泄流量等成果如表 7.6 和图 7.8～图 7.10 所示。

从主要动能指标来看，不论是抬高 9 月 10 日控蓄水位，还是抬高 9 月 30 日控蓄水位，均可以增加多年平均发电量和加权平均水头，且分阶段控蓄水位越高，加权平均水头越高，多年平均发电量越大；水量利用率指标各方案间差别不大，但当 9 月 10 日控蓄水位高于 155 m 以后，抬高 9 月底控蓄水位，可能略微降低水量利用率。

从蓄满率来看：相同 9 月 30 日控蓄水位条件下，不同 9 月 10 日控蓄水位方案汛后蓄满率没有差别；相同 9 月 10 日控蓄水位条件下，9 月 30 日控蓄水位自 162 m 抬升至 165 m，汛后蓄满率略有提升。不同方案间 10 月下旬蓄满率略有差别，各阶段控蓄水位越高，10 月下旬蓄满率越高；9 月 10 日水位超过 155 m、9 月 30 日水位超过 168 m 后，10 月下旬蓄满率基本无异。

从蓄水期 9～11 月下泄流量来看：相同 9 月 10 日控蓄方案下，抬高 9 月 30 日控蓄水位，9 月平均下泄流量呈减少趋势，但 10～11 月平均下泄流量呈增加趋势，尤以 10 月增加明显；相同 9 月 30 日控蓄水位方案下，抬高 9 月 10 日控蓄水位，则 9 月平均下泄流量呈小幅下降，但 9 月中下旬平均下泄流量随着 9 月 10 日控蓄水位的抬高显著增加。因而抬高 9 月 10 日和 9 月 30 日控蓄水位有利于提高 9～11 月，尤其是 9 月中下旬～11 月对下游的供水保障能力。

2. 典型年蓄水调度

选取不同蓄水期来水组成典型枯水年份，比较汛后和 10 月底蓄水指标如表 7.7 所示。

由表分析可知：长系列资料中有 1959 年、2002 年和 2006 年三个典型年份在各种 9 月 10 日和 9 月 30 日控蓄水位组合工况下均无法在汛后蓄满水库；同时存在 2013 年典型年在部分控蓄水位组合下无法蓄满。结合来水特点分析，1959 年、2002 年和 2006 年等典型年蓄水期来水频率在 96%以上，属于 9～10 月连枯的极不利典型，因而可以认为是保证率以外的年份，水库蓄不满也是情有可原的，若想在遭遇类似的来水情况下尽可能保障蓄水安全，可考虑结合水文预报，通过衔接汛末水位浮动，有条件地开展提前蓄水。2013 年则属于 10 月来水特枯典型，如果不能在来水较丰的 9 月尽量拦蓄径流，汛后蓄满较为困难。

部分枯水年份 9 月下泄流量较低，如 1959 年、1997 年、2006 年、2002 年等典型年份 9 月平均下泄流量达不到 10 000 m³/s，对下游供水和生态环境安全不利。在当前对中下游水资源安全保障愈发重视的背景下，水库在 11 月继续充蓄的可能性进一步减小，遭遇上述年份来水，三峡水库蓄水方式也存在一定的优化必要性。

表 7.6　三峡水库不同方案蓄水效益指标表

项目		方案 1	方案 2	方案 3	方案 4	方案 5	方案 6	方案 7	方案 8	方案 9	方案 10	方案 11	方案 12	方案 13	方案 14	方案 15	方案 16
三峡水库 9 月 10 日控蓄水位/m		162	165	168	170	162	165	168	170	162	165	168	170	162	165	168	170
三峡水库 9 月 30 日控蓄水位/m		150	150	150	150	155	155	155	155	158	158	158	158	160	160	160	160
多年平均年发电量/(亿 kW·h)	三峡水库	926.76	928.83	930.61	931.63	930.73	932.90	934.97	936.09	932.14	934.34	936.27	937.47	932.86	935.18	937.02	938.19
	葛洲坝	172.26	172.51	172.78	172.94	172.50	172.68	172.97	173.12	172.67	172.82	173.05	173.20	172.79	172.94	173.12	173.26
	合计	1 099.02	1 101.34	1 103.39	1 104.57	1 103.23	1 105.58	1 107.94	1 109.21	1 104.81	1 107.16	1 109.32	1 110.67	1 105.65	1 108.12	1 110.14	1 111.45
加权平均水头/m	三峡水库	93.12	93.36	93.56	93.66	93.38	93.68	93.92	94.04	93.48	93.80	94.06	94.20	93.52	93.85	94.13	94.27
	葛洲坝	20.81	20.81	20.80	20.80	20.80	20.80	20.80	20.81	20.81	20.81	20.81	20.80	20.80	20.80	20.80	20.80
水量利用率/%	三峡水库	96.18	96.17	96.18	96.20	96.18	96.13	96.13	96.13	96.19	96.12	96.09	96.09	96.22	96.15	96.09	96.08
	葛洲坝	83.66	83.77	83.90	83.97	83.78	83.86	83.99	84.05	83.86	83.92	84.02	84.09	83.93	83.98	84.06	84.12
蓄满率/%	10 月上旬	28.57	53.57	64.29	69.64	28.57	53.57	64.29	71.43	28.57	53.57	64.29	71.43	28.57	53.57	66.07	73.21
	10 月中旬	73.21	78.57	80.36	82.14	75.00	82.14	85.71	87.50	75.00	82.14	85.71	87.50	75.00	82.14	85.71	87.50
	10 月下旬	83.93	87.50	89.29	89.29	83.93	89.29	91.07	91.07	83.93	89.29	91.07	91.07	83.93	89.29	91.07	91.07
	汛后	92.86	94.64	94.64	94.64	92.86	94.64	94.64	94.64	92.86	94.64	94.64	94.64	92.86	94.64	94.64	94.64
平均下泄流量/(m³/s)	9 月	18 451	17 752	17 015	16 562	18 391	17 649	16 835	16 322	18 377	17 622	16 790	16 260	18 377	17 613	16 780	16 240
	其中：9 月中下旬	16 674	15 625	14 520	13 841	18 166	17 053	15 832	15 062	19 027	17 896	16 648	15 852	19 535	18 390	17 140	16 331
	10 月	12 305	12 952	13 650	14 088	12 352	13 038	13 811	14 308	12 366	13 065	13 854	14 368	12 366	13 074	13 865	14 386
	11 月	9 645	9 674	9 689	9 689	9 649	9 679	9 695	9 695	9 649	9 679	9 695	9 695	9 649	9 679	9 695	9 695

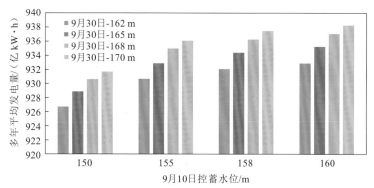

图 7.8　不同蓄水方案三峡水库多年平均发电量对比图

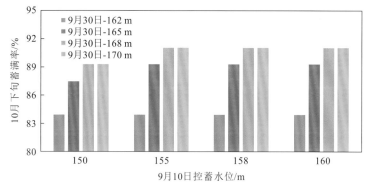

图 7.9　不同蓄水方案三峡水库 10 月下旬蓄满率对比图

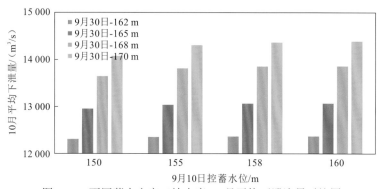

图 7.10　不同蓄水方案三峡水库 10 月平均下泄流量对比图

进一步分析上述典型蓄水进程可以发现，1959 年、1997 年、2006 年、2011 年等典型年，各比选方案的蓄水指标差别不大，分析其原因为 9 月上旬来水极枯（该 4 个典型年 9 月上旬来水位为同期最枯的前四位），9 月 10 日水位未达到所设置的最低控蓄水位 150.00 m，同时枯水延续，9 月 30 日水位也未能达到设置的最低控蓄水位 162.00 m，因而发电量、汛后蓄水位等蓄水指标没有差别。

1996 年和 2002 年典型年的共同点在于前期来水较丰，进入蓄水期后转枯，通过抬升 9 月 10 日控蓄水位，可以提高汛后蓄水位。两个典型年的不同点在于 1996 年通过抬升 9 月

表 7.7 典型枯水年份三峡水库不同方案蓄水指标表

项目		方案 1	方案 2	方案 3	方案 4	方案 5	方案 6	方案 7	方案 8	方案 9	方案 10	方案 11	方案 12	方案 13	方案 14	方案 15	方案 16
三峡水库 9 月 10 日控蓄水位/m		162	165	168	170	162	165	168	170	162	165	168	170	162	165	168	170
三峡水库 9 月 30 日控蓄水位/m		150				155				158				160			
1959 年	10 月底蓄水位/m	164.72	164.72	164.72	164.72	164.72	164.72	164.72	164.72	164.72	164.72	164.72	164.72	164.72	164.72	164.72	164.72
	汛后蓄水位/m	172	172	172	172	172	172	172	172	172	172	172	172	172	172	172	172
	9 月平均下泄流量/ (m³/s)	9 792	9 792	9 792	9 792	9 792	9 792	9 792	9 792	9 792	9 792	9 792	9 792	9 792	9 792	9 792	9 792
	10 月平均下泄流量/ (m³/s)	7 975	7 975	7 975	7 975	7 975	7 975	7 975	7 975	7 975	7 975	7 975	7 975	7 975	7 975	7 975	7 975
1997 年	10 月底蓄水位/m	172.12	172.12	172.12	172.12	172.12	172.12	172.12	172.12	172.12	172.12	172.12	172.12	172.12	172.12	172.12	172.12
	汛后蓄水位/m	175	175	175	175	175	175	175	175	175	175	175	175	175	175	175	175
	9 月平均下泄流量/ (m³/s)	8 490	8 490	8 490	8 490	8 490	8 490	8 490	8 490	8 490	8 490	8 490	8 490	8 490	8 490	8 490	8 490
	10 月平均下泄流量/ (m³/s)	8 000	8 000	8 000	8 000	8 000	8 000	8 000	8 000	8 000	8 000	8 000	8 000	8 000	8 000	8 000	8 000
2006 年	10 月底蓄水位/m	162.29	162.29	162.29	162.29	162.29	162.29	162.29	162.29	162.29	162.29	162.29	162.29	162.29	162.29	162.29	162.29
	汛后蓄水位/m	165.31	165.31	165.31	165.31	165.31	165.31	165.31	165.31	165.31	165.31	165.31	165.31	165.31	165.31	165.31	165.31
	9 月平均下泄流量/ (m³/s)	8 915	8 915	8 915	8 915	8 915	8 915	8 915	8 915	8 915	8 915	8 915	8 915	8 915	8 915	8 915	8 915
	10 月平均下泄流量/ (m³/s)	8 000	8 000	8 000	8 000	8 000	8 000	8 000	8 000	8 000	8 000	8 000	8 000	8 000	8 000	8 000	8 000
2011 年	10 月底蓄水位/m	170.42	170.42	170.42	170.42	170.42	170.42	170.42	170.42	170.42	170.42	170.42	170.42	170.42	170.42	170.42	170.42
	汛后蓄水位/m	175	175	175	175	175	175	175	175	175	175	175	175	175	175	175	175
	9 月平均下泄流量/ (m³/s)	10 675	10 675	10 675	10 675	10 675	10 675	10 675	10 675	10 675	10 675	10 675	10 675	10 675	10 675	10 675	10 675
	10 月平均下泄流量/ (m³/s)	8 000	8 000	8 000	8 000	8 000	8 000	8 000	8 000	8 000	8 000	8 000	8 000	8 000	8 000	8 000	8 000

续表

	项目	方案 1	方案 2	方案 3	方案 4	方案 5	方案 6	方案 7	方案 8	方案 9	方案 10	方案 11	方案 12	方案 13	方案 14	方案 15	方案 16
	三峡水库 9 月 10 日控蓄水位/m	162	165	168	170	162	165	168	170	162	165	168	170	162	165	168	170
	三峡水库 9 月 30 日控蓄水位/m	150				155				158				160			
1996 年	10 月底蓄水位/m	174.05	174.05	174.05	174.05	174.67	175.00	175.00	175.00	174.67	175.00	175.00	175.00	174.67	175.00	175.00	175.00
	汛后蓄水位/m	175	175	175	175	175	175	175	175	175	175	175	175	175	175	175	175
	9 月平均下泄流量/(m³/s)	11 339	11 339	11 339	11 339	11 107	10 222	10 139	10 139	11 107	10 222	10 045	10 045	11 107	10 222	10 045	10 045
	10 月平均下泄流量/(m³/s)	8 000	8 000	8 000	8 000	8 000	8 734	8 815	8 815	8 000	8 734	8 906	8 906	8 000	8 734	8 906	8 906
2002 年	10 月底蓄水位/m	157.27	157.27	157.27	157.27	158.75	158.75	158.75	158.75	158.75	158.75	158.75	158.75	158.75	158.75	158.75	158.75
	汛后蓄水位/m	161.99	161.99	161.99	161.99	163.43	163.43	163.43	163.43	163.43	163.43	163.43	163.43	163.43	163.43	163.43	163.43
	9 月平均下泄流量/(m³/s)	9 655	9 655	9 655	9 655	9 268	9 268	9 268	9 268	9 268	9 268	9 268	9 268	9 268	9 268	9 268	9 268
	10 月平均下泄流量/(m³/s)	8 000	8 000	8 000	8 000	8 000	8 000	8 000	8 000	8 000	8 000	8 000	8 000	8 000	8 000	8 000	8 000
1978 年	10 月底蓄水位/m	174.41	175.00	175.00	175.00	174.41	175.00	175.00	175.00	174.41	175.00	175.00	175.00	174.41	175.00	175.00	175.00
	汛后蓄水位/m	175	175	175	175	175	175	175	175	175	175	175	175	175	175	175	175
	9 月平均下泄流量/(m³/s)	13 931	13 046	12 033	11 703	13 931	13 046	12 032	11 357	13 930	13 046	12 032	11 356	13 930	13 046	12 032	11 356
	10 月平均下泄流量/(m³/s)	8 000	8 640	9 621	9 940	8 000	8 640	9 621	10 275	8 000	8 640	9 621	10 275	8 000	8 640	9 621	10 275
2013 年	10 月底蓄水位/m	170.33	172.67	175.00	175.00	170.33	172.67	175.00	175.00	170.33	172.67	175.00	175.00	170.33	172.67	175.00	175.00
	汛后蓄水位/m	174.71	175.00	175.00	175.00	174.71	175.00	175.00	175.00	174.71	175.00	175.00	175.00	174.71	175.00	175.00	175.00
	9 月平均下泄流量/(m³/s)	13 515	12 630	11 616	11 009	13 515	12 630	11 616	10 940	13 515	12 630	11 616	10 940	13 515	12 630	11 616	10 940
	10 月平均下泄流量/(m³/s)	7 990	7 990	8 117	8 704	7 990	7 990	8 117	8 771	7 990	7 990	8 117	8 771	7 990	7 990	8 117	8 771

30 日控蓄水位至 165.00 m 以上，水库可在 10 月底蓄满；而 2002 年通过进一步抬升 9 月 30 日控蓄水位无法进一步提高蓄水指标。主要原因同样在于 2002 年 9 月中下旬来水特枯，水库 9 月 30 日无法蓄至理想水位。

1978 年和 2013 年典型年较为类似，通过抬升 9 月 30 日控蓄水位至 165.00 m 以上，遭遇 1978 年典型年三峡水库 10 月底可蓄至 175.00 m，遭遇 2013 年典型年汛后可蓄至 175.00 m；进一步抬升 9 月 30 日控蓄水位至 168.00 m 以上，遭遇 2013 年典型年 10 月底可蓄至 175.00 m。

综合以上分析，面临特枯水情时，流域蓄水形势依然不容乐观；同时长江中下游蓄水期及枯水期水资源综合利用要求也逐步提升，三峡水库在汛期 11 月以后继续充蓄将变得越来越困难。随着流域水文预报预测水平的提升，通过前期来水和气候因子前兆信息等对蓄水期来水情势进行判断，在防洪风险可控的前提下将蓄水时机适当提前，是最为行之有效、前景最为可期的调度措施。

7.2.4 提前预蓄对水库群蓄水效果的影响

1. 对蓄水指标的影响

当预判 9 月上游来水偏枯，有效预见期内城陵矶地区不会发生较大洪水时，为减轻后期蓄水压力，考虑将三峡水库预蓄的时机提前到 8 月 21 日。统计不同方案下三峡水库蓄水指标如表 7.8 所示，部分指标与原方案对比如图 7.11～图 7.13 所示。

由图表分析可知，通过实施提前预蓄，逐步上浮 8 月 21 日后运行水位，并衔接兴利蓄水，三峡水库相同控蓄方案间比较，多年平均发电量和水头抬升效益提升明显。通过实施提前预蓄，对提升汛后蓄满率也具有一定作用。以控蓄 9 月底水位 165.00 m 为例，当 9 月 10 日控蓄水位抬升至 155.00 m 后，汛后蓄满率可由 94.64%提高到 96.43%。

原蓄水方案中，由于水库蓄水任务主要集中在 9 月，对 9 月径流的影响较大，不论是抬升 9 月 10 日控蓄水位，还是抬升 9 月 30 日的控蓄水位，都会在一定程度上减少 9 月整体平均下泄流量。当预蓄时机提前到 8 月 21 日，水库利用 8 月来水提前充蓄，显著改善了 9 月对下游的供水保障能力。

2. 对典型年蓄水运用的影响

水库实施提前预蓄，主要面向的是枯水年水库蓄水安全的保障。以下进一步分析对典型年蓄水运用的影响。选取典型枯水年份 1959 年、1997 年、2002 年、2011 年等作为研究对象，主要蓄水指标对比如表 7.9 和图 7.14～图 7.15 所示。

表 7.8 三峡水库不同提前蓄水方案水效益指标表

项目		方案 1	方案 2	方案 3	方案 4	方案 5	方案 6	方案 7	方案 8	方案 9	方案 10	方案 11	方案 12	方案 13	方案 14	方案 15	方案 16
三峡水库 9 月 10 日控蓄水位/m		162	165	168	170	162	165	168	170	162	165	168	170	162	165	168	170
三峡水库 9 月 30 日控蓄水位/m		150				155				158				160			
多年平均年发电量/(亿 kW·h)	三峡水库	930.02	932.10	933.87	934.90	938.17	940.48	942.58	943.70	941.30	943.69	945.72	946.93	942.70	945.31	947.28	948.47
	葛洲坝	172.35	172.60	172.87	173.04	172.60	172.81	173.10	173.25	172.81	172.99	173.21	173.36	172.92	173.11	173.28	173.42
	合计	1 102.37	1 104.70	1 106.74	1 107.94	1 110.77	1 113.29	1 115.68	1 116.95	1 114.11	1 116.68	1 118.93	1 120.29	1 115.62	1 118.42	1 120.56	1 121.89
加权平均水头/m	三峡水库	93.25	93.49	93.69	93.79	93.78	94.08	94.32	94.45	94.06	94.39	94.65	94.80	94.21	94.56	94.85	95.00
	葛洲坝	20.81	20.81	20.80	20.80	20.80	20.80	20.81	20.81	20.81	20.81	20.81	20.81	20.80	20.80	20.80	20.80
水量利用率/%	三峡水库	96.21	96.19	96.20	96.22	96.19	96.14	96.14	96.15	96.13	96.07	96.04	96.04	96.09	96.03	95.97	95.96
	葛洲坝	83.70	83.81	83.94	84.01	83.82	83.90	84.04	84.10	83.92	83.99	84.08	84.15	83.98	84.05	84.12	84.18
蓄满率/%	10 月上旬	28.57	53.57	64.29	69.64	28.57	53.57	64.29	71.43	28.57	53.57	64.29	73.21	28.57	53.57	66.07	75.00
	10 月中旬	73.21	78.57	80.36	82.14	76.79	83.93	87.50	89.29	76.79	83.93	87.50	89.29	76.79	83.93	87.50	89.29
	10 月下旬	83.93	87.50	89.29	89.29	85.71	91.07	94.64	94.64	85.71	91.07	94.64	94.64	85.71	91.07	94.64	94.64
	汛后	92.86	94.64	94.64	94.64	94.64	96.43	96.43	96.43	94.64	96.43	96.43	96.43	94.64	96.43	96.43	96.43
平均下泄流量/(m³/s)	9 月	19 101	18 400	17 664	17 211	20 077	19 309	18 485	17 972	20 689	19 907	19 051	18 508	21 072	20 269	19 402	18 844
	其中: 9 月中下旬	16 681	15 630	14 525	13 846	18 226	17 074	15 839	15 068	19 238	18 065	16 780	15 967	19 936	18 732	17 432	16 594
	10 月	12 307	12 954	13 652	14 089	12 380	13 077	13 856	14 353	12 408	13 117	13 929	14 454	12 408	13 134	13 955	14 495
	11 月	9 664	9 693	9 709	9 709	9 685	9 731	9 750	9 750	9 699	9 746	9 764	9 764	9 705	9 755	9 773	9 773

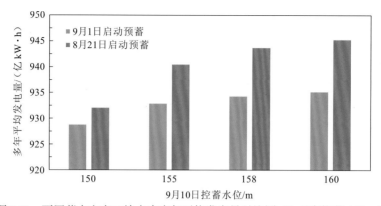

图 7.11　不同蓄水方案三峡水库多年平均发电量对比图（9 月底控蓄 165 m）

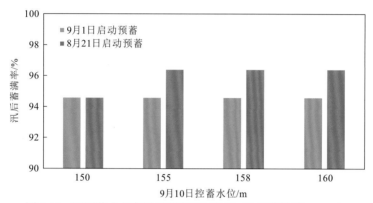

图 7.12　不同蓄水方案汛后蓄满率对比图（9 月底控蓄 165 m）

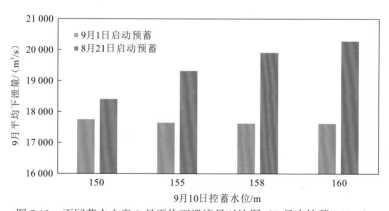

图 7.13　不同蓄水方案 9 月平均下泄流量对比图（9 月底控蓄 165 m）

　　由图表分析可知，三峡水库通过实施衔接汛期末段水位运用的提前预蓄，可有效提高部分典型枯水年份汛后及 10 月底蓄水位，同时增加 9 月水库平均下泄流量。同时，提前拦蓄 8 月的有效径流，增加了 9 月保障中下游供水的能力，可使 1959 年和 2002 年 9 月平均下泄流量由原来的不足 10 000 m³/s 增加到 10 000 m³/s 以上，较好地协调中下游水生态、两湖补水、长江口压咸、航运等水资源利用需求。

表 7.9　典型枯水年份三峡水库不同方案蓄水指标表

项目		方案 1	方案 2	方案 3	方案 4	方案 5	方案 6	方案 7	方案 8	方案 9	方案 10	方案 11	方案 12	方案 13	方案 14	方案 15	方案 16
三峡水库 9 月 10 日控蓄水位/m		150				155				158				160			
三峡水库 9 月 30 日控蓄水位/m		162	165	168	170	162	165	168	170	162	165	168	170	162	165	168	170
1959 年	10 月底蓄水位/m	165.32	165.32	165.32	165.32	168.87	168.87	168.87	168.87	171.07	171.07	171.07	171.07	171.95	172.46	172.46	172.46
	汛后蓄水位/m	172.51	172.51	172.51	172.51	175.00	175.00	175.00	175.00	175.00	175.00	175.00	175.00	175.00	175.00	175.00	175.00
	9 月平均下泄流量/(m³/s)	10 287	10 287	10 287	10 287	10 287	10 287	10 287	10 287	10 287	10 287	10 287	10 482	10 287	10 287	10 287	10 287
	10 月平均下泄流量/(m³/s)	7 975	7 975	7 975	7 975	7 975	7 975	7 975	7 975	7 975	7 975	7 975	7 975	7 975	7 975	7 975	7 975
1997 年	10 月底蓄水位/m	172.95	172.95	172.95	172.95	175.00	175.00	175.00	175.00	175.00	175.00	175.00	175.00	175.00	175.00	175.00	175.00
	汛后蓄水位/m	175	175	175	175	175	175	175	175	175	175	175	175	175	175	175	175
	9 月平均下泄流量/(m³/s)	8 863	8 863	8 863	8 863	8 863	8 863	8 863	8 863	8 863	8 863	8 863	8 863	8 863	8 863	8 863	8 863
	10 月平均下泄流量/(m³/s)	8 000	8 000	8 000	8 000	8 067	8 067	8 067	8 067	8 067	8 067	8 067	8 067	8 067	8 067	8 067	8 067
2002 年	10 月底蓄水位/m	157.27	157.27	157.27	157.27	161.64	161.64	161.64	161.64	164.31	164.31	164.31	164.31	165.95	165.95	165.95	165.95
	汛后蓄水位/m	161.99	161.99	161.99	161.99	166.08	166.08	166.08	166.08	168.41	168.41	168.41	168.41	169.97	169.97	169.97	169.97
	9 月平均下泄流量/(m³/s)	10 341	10 341	10 341	10 341	10 341	10 341	10 341	10 341	10 341	10 341	10 341	10 341	10 341	10 341	10 341	10 341
	10 月平均下泄流量/(m³/s)	8 000	8 000	8 000	8 000	8 000	8 000	8 000	8 000	8 000	8 000	8 000	8 000	8 000	8 000	8 000	8 000
2011 年	10 月底蓄水位/m	172.28	172.51	172.51	172.51	172.28	174.62	175.00	175.00	172.28	174.62	175.00	175.00	172.28	174.62	175.00	175.00
	汛后蓄水位/m	175.00	175.00	175.00	175.00	175.00	175.00	175.00	175.00	175.00	175.00	175.00	175.00	175.00	175.00	175.00	175.00
	9 月平均下泄流量/(m³/s)	10 658	10 574	10 574	10 574	11 700	10 816	10 284	10 284	11 700	10 816	10 284	10 284	11 700	10 816	10 284	10 284
	10 月平均下泄流量/(m³/s)	8 000	8 000	8 000	8 000	8 000	8 000	8 377	8 377	8 000	8 000	8 377	8 377	8 000	8 000	8 377	8 377

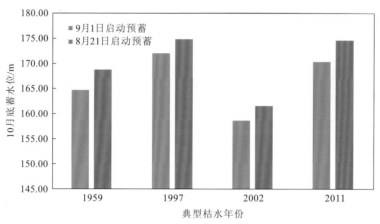

图 7.14　典型枯水年 10 月底蓄水位对比图（9 月 10 日-155.00 m，9 月 30 日-165.00 m）

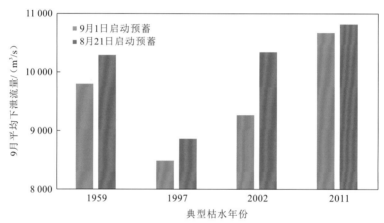

图 7.15　典型枯水年 9 月平均下泄流量对比图（9 月 10 日-155.00 m，9 月 30 日-165.00 m）

7.2.5　三峡水库 9 月蓄水进程方案风险及应对措施

1. 对下游防洪安全影响

三峡水库 9 月底控制水位在 170 m 以下时，对枢纽工程自身和长江中下游的后期防洪风险不大，依靠三峡水库单库调度即可保证荆江河段防洪安全。而当上游溪洛渡、向家坝水库预留配合三峡水库对长江中下游防洪库容达到 30 亿～35 亿 m³，大多数情况下可保证荆江河段 9 月上旬防洪安全。

防洪风险控制措施方面，三峡水库汛期末段运行水位上浮预蓄和蓄水启动均需考虑水文预报和上下游水文情势，包括：①上游来水的中长期预报，即蓄水期来水偏枯、上游水库蓄水明显不足；②下游主要防洪控制站沙市站、城陵矶站所处的水位较多年平均同期水位明显偏低或在允许安全水位以下；③根据水情预报预见期内上游无洪水发生。

综上，规定三峡水库蓄水过程中，当沙市站、城陵矶（莲花塘）站水位均低于警戒水位（分别为 43 m、32.5 m），并根据水情预报分析短期内不会出现超过警戒水位的情况下，水库方可实施提前蓄水调度方案；当预报短期内沙市站、城陵矶（莲花塘）站水位将达到警戒水位，或三峡水库入库流量达到 35 000 m³/s 并预报可能继续增加时，要根据防洪调度的指令，暂停兴利蓄水或预泄，按防洪要求进行调度。

2. 对库区淹没影响

对于 9 月 10 日各控蓄水位方案，基本不存在库区淹没问题。但当 9 月 30 日控蓄水位抬升较高，可能一定程度上增加库区防洪压力。经测算，三峡水库 165 m 和 168 m 对应的库区淹没临界入库流量为 48 000 m³/s 和 43 000 m³/s。选取三峡水库 9 月入库径流最大的 7 个典型年份，各典型年份 9 月 11 日以后最大入库流量和相应时间如表 7.10 所示。由表可知，在 9 月底控蓄水位为 165 m 情况下，1964 年和 2014 年典型年最大入库流量略大于 48 000 m³/s，并有 1968 年和 1979 年典型年最大入库流量接近 48 000 m³/s。考虑到该 4 场次洪水均发生在 9 月 20 日前后，因而在实际蓄水过程中，可考虑结合实际水情工况，控制 9 月 20 日控蓄水位不超过 165 m；43 000 m³/s 这一流量在 9 月底较难达到，当预报来水较大将超过临界流量时，结合预报通过加大下泄等手段及时延缓蓄水进度、降低运行水位，可有效控制库区淹没风险。

表 7.10　实际洪水 9 月 11 日以后最大入库流量统计表

项目	典型年份						
	1964	1966	1968	1974	1979	1988	2014
最大入库流量/(m³/s)	49 700	37 500	47 200	44 700	45 500	43 700	54 400
出现时间	9 月 18 日	9 月 11 日	9 月 22 日	9 月 18 日	9 月 23 日	9 月 14 日	9 月 20 日

7.3　三峡水库蓄水进程优化策略

三峡水库汛后能否成功蓄水至理想水位事关枯水期流域水资源利用安全。研究提出三峡水库可行蓄水优化策略。

（1）总体而言，应根据 8 月中下旬下游河道及洞庭湖区底水基础，从上游汛期来水、水库群蓄水状况结合 9 月上旬径流预报，对流域蓄水期来水丰枯情势进行判断。

（2）如果前期来水正常，且结合中长期来水预测来水正常或偏丰，可根据《三峡调度规程》和近年批复的《长江流域水工程联合调度运用计划》等为指导，稳步蓄水。

（3）对于汛期以来上游水库群来水偏枯、水库群蓄水不足，8 月中旬以来下游河道与湖区底水不高且处于退势的年份，考虑上下游同枯的不利水情，在 8 月中下旬判断 9 月上旬来水偏枯的情况下，在来水较好的 8 月（建议不早于 8 月 21 日）提前预蓄部分水量。此时虽尚处于主汛期，但溪洛渡-向家坝-三峡水库预留防洪库容较大，且可通过设置 8 月底或 9 月上旬控制水位规避潜在的库容超蓄和库区淹没风险；同时下游水位较低也提供了较好的河道宣泄条件，预泄腾库对下游的影响基本可控，典型年份如 1959 年、1972 年、

1992 年、1997 年、2006 年、2011 年等。

（4）对于前期来水偏丰的年份，由于 8 月下游河道及湖区一般还维持在较高水位，实时调度过程中可考虑在前期防洪调度的基础上，衔接蓄水期调度，并在上下游水情明朗、湖区水位进入消退通道之后，在对中下游防洪安全有充分把握的前提下，适当抬高 9 月 10 日控蓄水位，并根据后续来水滚动研判是否进一步抬升 9 月 30 日控蓄水位，以应对 9 月枯水延续导致的水库欠蓄风险，典型年份如 1996 年、2002 年、2009 年等。

（5）对于 8~9 月下游河道及湖区水位总体虽然处于退势，但进入 9 月降幅仍不明显，即维持在平台期或略有回升的年份，可考虑按照常规蓄水安排，三峡水库在预蓄的基础上，结合来水预测和电网需求，考虑 10 月可能蓄水不足，在研判防洪风险的前提下，适当抢蓄部分 9 月来水，抬高 9 月 30 日控蓄水位，典型年份如 1977 年、1978 年、2013 年等。

（6）在实际调度运行中，在 9 月中下旬当三峡水库蓄水位较高，为适应国庆期间电网负荷降低导致三峡水库弃水增多的情况，结合中长期来水预测 10 月上旬水库来水偏丰的情况下，应及时协调电网需求，在保证下游防洪安全的前提下适当提前加泄增发，控制水位抬升进程；如果预泄不及，结合水文预报，在评估库区与下游保护对象防洪安全的基础上，适当抬升 9 月底控制水位，提高水资源利用率，增加三峡水库调度的灵活性。

（7）综合考虑长江中下游防洪、库区淹没、改善蓄水指标、适应电网负荷特性等方面因素，建议汛期末段当预报城陵矶地区防洪需求不大或不占主导地位，上游溪洛渡、向家坝水库预留防洪库容达到 40 亿 m³ 以上时，三峡水库 9 月 10 日控蓄水位不超过 158 m，9 月 20 日控蓄水位不超过 165 m，9 月 30 日控蓄水位不超过 168 m 为宜。9 月中下旬当预报来水流量较大，可能产生库区淹没时，应及时采取措施降低运行水位；实际调度中可考虑将 9 月底控蓄水位维持至 10 月上旬。

需要说明的是，水文预报和蓄水进程的控制都是一个渐进式的、实时修正的过程。蓄水过程中通常是根据中长期趋势预报，提出初步的蓄水方案相机起蓄，并在精度相对较高的短期预报的支撑下滚动进行校正，在洪水来临前及时转为按防洪要求进行调度，兼顾控制防洪风险和提高蓄水质量。

第8章

溪洛渡、向家坝、三峡水库联合蓄水调度方式优化

本章在分析汛期末段长江中下游防洪库容需求的基础上，拟定受三峡水库9月10日控蓄水位约束的溪洛渡、向家坝水库蓄水方案，复核比选长系列和不同典型年份各方案防洪风险和效益指标，提出以三峡水库当前水位为参考指标的三库联合动态蓄水协调方案，实现三库蓄水库容的动态分配，达到蓄水期水库群综合效益和蓄满率的协同优化。

8.1 汛期末段长江中下游防洪库容需求

8.1.1 汛期末段城陵矶地区防洪库容需求

根据宜昌及洞庭四水洪水组成及遭遇规律，8月以后两湖来水开始减少，9月后宜昌来水也开始减退。8月中、下旬以后需要三峡水库实施兼顾对城陵矶地区补偿调度的机会相应减少，为三峡水库汛期末段有序释放部分防洪库容，实施预报预蓄提供了有利条件。

根据三峡水库防洪调度方式，汛期从汛限水位起，首先采用兼顾对城陵矶地区进行防洪补偿调度的方式，尽可能减轻城陵矶地区分洪压力；当汛期水位高于对城陵矶地区补偿控制水位时，水库主要应对长江上游发生大洪水的情况。城陵矶地区洪水主要来源于长江干流宜昌洪水与区间的洞庭湖水系，以下首先结合实测恶劣典型洪水选取，分析提出汛期末段（8月中旬~9月上旬）城陵矶地区防洪需求。

1. 汛期末段典型洪水选取

1) 城陵矶站水位超 34.0 m 洪水典型

长江流域统一确定的防汛特征水位有警戒水位、保证水位二级水位。长江中下游控制站城陵矶（莲花塘）站警戒水位分别为 32.5 m，保证水位为 34.4 m，见表 8.1。根据《长江防御洪水方案》，预报城陵矶站水位将达到 33.95 m 并继续上涨，则运用三峡等水库拦蓄洪水，并相机运用河段内长江干堤之间、洞庭湖区洲滩民垸行蓄洪水，控制城陵矶站水位不高于 34.4 m，三峡水库对城陵矶地区补偿库容用完后，相机运用蓄滞洪区控制城陵矶站水位不高于 34.9 m。

表 8.1 长江中下游城陵矶（莲花塘）站控制水位表

站名	设防水位/m	警戒水位/m	保证水位/m	洲滩民垸行洪水位/m	蓄滞洪区控制水位/m
城陵矶站	31.0	32.5	34.4	33.95	34.9

统计分析城陵矶（莲花塘）站 1954~2014 年长系列汛期末段 8 月 10 日以后水位过程，选取有较长时段水位达到 34.0 m 为防洪态势参照指标，主要有 1954 年、1998 年和 2002 年。三个典型年份城陵矶地区汛期末段水位过程如图 8.1 所示。从三个典型年份汛期末段城陵矶地区水位过程来看，1954 年洪水在 8 月以后呈退减趋势，1998 年洪水在维持高水位一段时间后转退，而 2002 年洪水则在 8 月上旬逐步上涨，在 8 月下旬迎来最高水位，而后快速转退。

2) 洞庭四水总入流超 20 000 m³/s 且持续时间较长的洪水典型

洞庭湖水系湘江、资江、沅江、澧水四水来水是城陵矶地区洪水的主要来源之一，当洞庭四水中的两条或多条河流洪水过程发生遭遇，易造成城陵矶地区防洪形势紧张。根据洞庭四水控制站湘潭站、桃江站、桃源站、石门站资料计算分析洞庭四水 6~9 月总入流洪

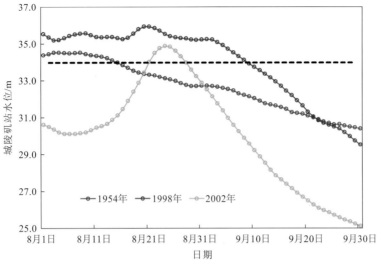

图 8.1　城陵矶地区汛期末段超 34.0 m 典型年份过程图

水过程变化规律。考虑洞庭湖区洪水 8 月通常开始转退，以洞庭四水总入流超过 20 000 m³/s 时段相对较多作为汛期末段洞庭四水来流偏大的判别标准，主要有 1969 年、1988 年和 2002 年。三个典型年份洞庭四水合成总入流过程如图 8.2 所示。

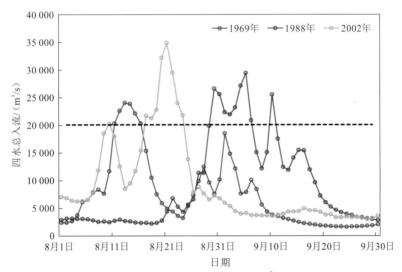

图 8.2　汛期末段洞庭四水总入流超 20 000 m³/s 典型年份过程图

　　由图可知：三场汛期末段洪水过程中，1969 年洪水最早发生，但其量级相对较小；2002 年主峰随后，结合前述城陵矶站水位超 34.0 m 过程分析，2002 年汛末洪水属于以洞庭湖来水为主的城陵矶地区典型洪水；1988 年汛期末段洪水最为靠后，直到 9 月上旬才出现，其对上游水库群为城陵矶地区预留防洪库容的时段和数量有一定影响。

3）城陵矶地区合成流量超 55 000 m³/s 且持续时间较长的洪水典型

　　一般情况下，从 8 月中旬开始，宜昌和洞庭四水总入流均逐步减少，城陵矶地区洪水呈现退水趋势，但不排除个别年份由于宜昌年最大洪水发生时间较晚或洞庭湖区退水较缓等原因，二者发生一定程度遭遇的情况。按照城陵矶地区河道行洪能力并考虑一定裕度，选取城陵矶地区发生超 55 000 m³/s 且时段相对较多的较大洪水典型年份进行分析，主要有 1954 年、1958 年、1966 年、1988 年、1998 年、2002 年等，将宜昌站流量与洞庭四水合成流量按错时叠加后，合成流量如图 8.3 所示。

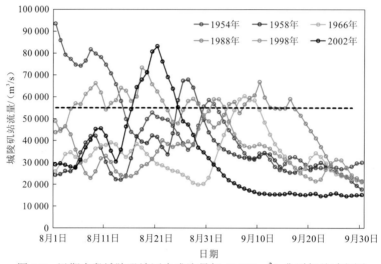

图 8.3 汛期末段城陵矶地区合成流量超 55 000 m³/s 典型年份过程图

从图 8.3 来看，汛期末段城陵矶地区合成流量超过 55 000 m³/s 的年份虽然存在，但大多数年份流量过程超过螺山站安全泄量的时段并不多，也就是说相应达到启用三峡水库兼顾城陵矶地区防洪拦蓄标准的洪量并不大，这是汛期末段与主汛期显著不同之处。

4）宜昌 9 月上旬实测历史大洪水典型

一般情况下，三峡水库在 9 月主要考虑对荆江河段防洪调度，但此时若水库水位较低，仍有条件考虑城陵矶地区防洪需求。结合历史调查，统计分析宜昌站 1877～2014 年近 140 年汛期末段及以后实测不同时段最大日平均流量，排名前两位的洪峰流量分别为 71 100 m³/s 和 67 500 m³/s，如表 8.2 所示。该两位洪峰为宜昌长系列实测年最大日平均流量的第一和第三，见表 8.3。这说明在汛期末段直至 9 月上旬，受长江流域秋汛影响，仍有可能发生年最大洪水。1896 年、1945 年汛期末段实际洪水过程如图 8.4 所示。

表 8.2 宜昌站 8 月下旬～10 月不同时段最大日平均流量排位情况表

时间段	项目	排位				
		1	2	3	4	5
8 月 20 日～10 月 31 日	流量/（m³/s）	71 100	67 500	59 600	59 500	59 300
	时间（年-月-日）	1896-9-4	1945-9-5	1966-9-5	1958-8-25	1905-9-9
9 月 15 日～10 月 31 日	流量/（m³/s）	54 500	49 700	49 500	49 200	48 800
	时间（年-月-日）	1952-9-16	1964-9-18	1938-9-23	1949-9-20	1896-9-24
9 月 20 日～10 月 31 日	流量/（m³/s）	49 500	49 200	48 800	48 300	48 100
	时间（年-月-日）	1938-9-23	1949-9-20	1896-9-25	1907-9-28	1882-9-29

表 8.3　宜昌站最大日平均流量排位情况表

项目	排位						
	1	2	3	4	5	6	7
流量/（m³/s）	71 100	69 500	67 500	66 100	64 800	64 600	64 600
时间（年-月-日）	1896-9-4	1981-7-19	1945-9-5	1954-7-6	1921-7-21	1892-7-15	1931-8-10

项目	排位						
	8	9	10	11	12	13	14
流量/（m³/s）	64 400	63 000	62 300	61 900	61 800	61 700	61 700
时间（年-月-日）	1905-8-14	1922-8-21	1936-8-7	1937-7-21	1908-7-4	1919-7-20	1998-8-16

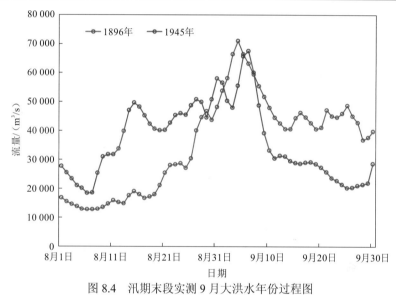

图 8.4　汛期末段实测 9 月大洪水年份过程图

分析表明，1986 年和 1945 年洪水虽然洪峰量级较大，但其洪量排位较小，同时相应年份长江中下游洪水量级也不显著，且宜昌洪水未与长江中游洞庭湖水系、汉江发生遭遇，属于汛期末段发生的上游型大洪水。即便如此，考虑到 9 月上旬是梯级水库蓄水矛盾最为集中的时期，仍有必要分析发生此类洪水时对城陵矶地区防洪的影响。

分别按照城陵矶站水位超 34.0 m 洪水、洞庭四水总入流超 20 000 m³/s 且持续时间较长、莲花塘站流量超 55 000 m³/s 且持续时间较长和宜昌 9 月上旬实测历史大洪水 4 类情景，较为全面地选取了汛期末段峰高量大、较为恶劣的典型年洪水：即 1896 年、1945 年、1954 年、1958 年、1966 年、1969 年、1988 年、1998 年、2002 年。进一步通过调洪计算来分析汛期末段城陵矶地区防洪库容预留需求。

2. 汛期末段城陵矶地区对上游水库防洪库容需求分析

假设上游溪洛渡、向家坝水库自三峡水库到达对城陵矶地区防洪补偿控制水位 158 m 后投入运用，对选取的城陵矶地区汛期末段较大典型洪水进行调节计算。从 8 月 10 日起，逐候计算统计三峡水库在上游溪洛渡、向家坝水库的配合下拦蓄的洪量。梯级水库遭遇不同汛末典型洪水拦蓄水量统计表如表8.4所示。图8.5为三峡水库最大拦蓄洪量变化过程。

表8.4　溪洛渡、向家坝、三峡梯级水库汛期末段拦洪水量　　　（单位：亿 m³）

典型年份	8月10日		8月15日		8月20日		8月25日		9月1日		9月5日	
	溪洛渡、向家坝水库	三峡水库	溪洛渡、向家坝水库	三峡水库	溪洛渡、向家坝水库	三峡水库	溪洛渡、向家坝水库	三峡水库	溪洛渡、向家坝水库	三峡水库	溪洛渡、向家坝水库	三峡水库
1954	0.00	33.40	0.00	1.10	0.00	1.10	0.00	1.10	0.00	0.00	0.00	0.00
1958	0.00	26.51	0.00	26.51	0.00	26.51	0.00	16.85	0.00	0.00	0.00	0.00
1966	0.00	6.52	0.00	6.52	0.00	6.52	0.00	6.52	0.00	6.52	0.00	5.13
1969	0.00	0.00	0.00	0.00	0.00	0.00	0.00	0.00	0.00	0.00	0.00	0.00
1988	0.00	0.00	0.00	0.00	0.00	0.00	0.00	0.00	0.00	0.00	0.00	0.00
1998	1.71	77.28	0.00	62.47	0.00	6.53	0.00	2.82	0.00	0.00	0.00	0.00
2002	0.00	76.90	0.00	76.90	0.00	43.98	0.00	0.00	0.00	0.00	0.00	0.00
最大拦蓄	1.71	77.28	0.00	76.90	0.00	43.98	0.00	16.85	0.00	6.52	0.00	5.13

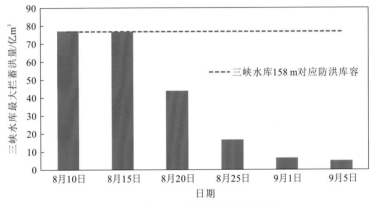

图 8.5　三峡水库最大拦蓄洪量变化图

从调洪结果来看，汛期末段随着时间的推移，需要动用溪洛渡、向家坝、三峡水库加以拦蓄的洪量呈现退减趋势，这也再一次印证了城陵矶地区洪水时间分布规律，三峡水库在汛期末段防洪库容具备分段逐步释放的可行性。三库联合防洪调度模式下，溪洛渡、向家坝水库在汛期末段基本不需要动用防洪库容配合三峡水库对中下游进行防洪，两库在留足川江河段所需防洪库容的前提下，大多数年份为长江中下游防洪预留的防洪库容，可以逐步拦洪蓄水。三峡水库最大拦蓄洪量由 8 月 10～15 日的 77 亿 m³ 左右，减少至 9 月 5 日以后的约 5 亿 m³。9 月上旬预留防洪库容主要用于防御 1966 年典型年洪水，相应以三峡水库 145～158 m 库容总量向下扣除所需的防洪库容，三峡水库 9 月上旬可逐步释放为兼顾城陵矶地区预留的防洪库容至 157 m 左右。

对于 1896 年、1945 年两场宜昌 9 月实测最大洪水，相关水文分析和调查研究已明确两场洪水均为上游型洪水，其拦洪量主要以对荆江河段补偿调度为主。同时，长江上游已建水库群对上游型洪水拦蓄能力较强，因此遭遇此类洪水并不会对城陵矶地区防洪造成太大威胁，通过对荆江河段补偿调度方式即可同时满足城陵矶地区防洪需求。

3. 汛期末段典型洪水地区组成分析

选取的典型年份洪水汛期末段（8 月 10 日以后）最大 1 日、最大 3 日和最大 7 日洪量地区组成统计如图 8.6～图 8.8 所示。

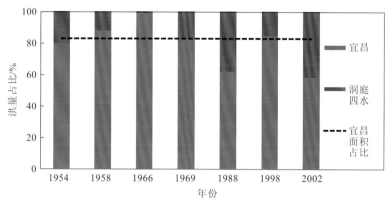

图 8.6　汛期末段大洪水年份最大 1 日洪量地区组成示意图

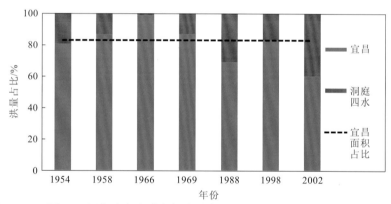

图 8.7　汛期末段大洪水年份最大 3 日洪量地区组成示意图

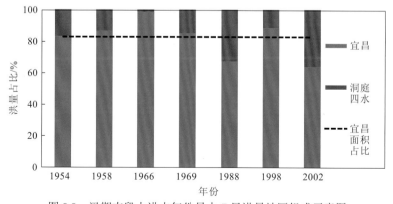

图 8.8　汛期末段大洪水年份最大 7 日洪量地区组成示意图

从图 8.6~图 8.8 可以看出，所选取的城陵矶地区汛期末段较大洪水典型年份总体以宜昌来水为主，各时段洪量组成上宜昌来水基本接近或大于其面积占比，但 1988 年和 2002 年（洪峰均于 8 月 20 日以后）汛期末段洪水，洞庭四水总入流来水占比明显大于其面积占比，此两年份需以满足城陵矶地区防洪需求为主；同时，上述典型年洪水在最大 1 日、最大 3 日、最大 7 日洪量的地区组成上较为稳定，不同统计时段下宜昌和洞庭四水总入流的相对比例关系相差不大。从洪量统计中还可以发现，1966 年汛期末段虽然城陵矶地区合成流量达到 60 400 m³/s 左右，但很显然洪水主要来自宜昌以上地区，宜昌时段来水占比高达 98%以上，此类年份城陵矶地区防洪压力不大。

上述洪水地区组成分析表明，宜昌来水是汛期末段城陵矶洪水的主要来源，结合水库调蓄过程进一步判断对三峡水库控泄流量起主要作用的补偿对象。分析 8 月 20 日以后仍存在拦洪需求的 1954 年、1958 年、1966 年、1988 年、1998 年、2002 年等典型年洪水调洪过程，统计调洪过程中对城陵矶地区补偿的时段数，结果如表 8.5 所示。

表 8.5　三峡水库汛期末段典型防洪补偿时段数统计表　　　　　　　　　（单位：天）

典型年份	8 月 20 日		8 月 25 日		9 月 1 日		9 月 5 日	
	补偿时段	其中:对城陵矶地区补偿	补偿时段	其中:对城陵矶地区补偿	补偿时段	其中:对城陵矶地区补偿	补偿时段	其中:对城陵矶地区补偿
1954	1	0	1	0	0	0	0	0
1958	4	4	3	3	0	0	0	0
1966	4	0	4	0	4	0	3	0
1988	0	0	0	0	0	0	0	0
1998	2	2	1	1	0	0	0	0
2002	4	4	0	0	0	0	0	0

从表 8.5 中可以看出，8 月 20 日以后，1954 年汛期末段由于洪水整体处于退水趋势，需要拦洪时段本来就较少，因而拦洪量也不大。1966 年典型年虽然在 9 月上旬出现洪峰，但从调洪过程来看，调洪高水位均不超过三峡水库兼顾对城陵矶地区补偿调度控制水位，且防洪补偿调度方式以对荆江河段补偿先于城陵矶地区补偿调度方式启动，并不需要对城陵矶地区单独进行补偿；与 1896 年、1945 年典型年一样，此时可以通过对荆江河段补偿方式，同样满足城陵矶地区防洪需求。其余的 4 场洪水则属于对城陵矶地区补偿的典型，理论上需要将这部分防洪库容在三峡水库 158 m 以下进行预留。8 月中下旬需预留的防洪库容主要受 1958 年和 2002 年洪水控制，8 月 20 日以后需预留防洪库容为 16.85 亿~43.98 亿 m³，从三峡水库 158 m 向下扣除上述所需预留库容，相应可上浮水位为 151.2~155.5 m。

综上，对于城陵矶地区防洪而言，一般情况下，结合洪水类型和水文情势判断：①汛期末段城陵矶地区水位较低、宜昌—城陵矶区间无大洪水发生、城陵矶地区没有防洪需求时；②洪水从地区组成上属于上游来水为主时，三峡水库可考虑在上游水库群的配合下，有效拦蓄上游洪水，逐步释放兼顾城陵矶地区防洪库容，减轻后期蓄水压力。反之，如果城陵矶河段底水较高、城陵矶地区有防洪需求并且占主导地位时，三峡水库应控制水库水位，不宜过早过快占用为城陵矶地区预留的防洪库容。实际调度过程中，可在保证防洪安全的前提下，结合后续预报和上下游水文情势，逐步释放汛期末段三峡水库为城陵矶地区预留防洪库容，9 月 10 日水库水位进一步充蓄至 158 m。

8.1.2　汛期末段荆江河段防洪库容需求

一般情况下，三峡水库在汛期末段，尤其是 9 月上旬主要考虑对荆江河段实施防洪调度。考虑三峡水库单库运用，三峡水库兼顾城陵矶地区补偿水位不超过 155 m，因而 9 月上旬三峡水库预蓄水位一般也不超过这一水位。随着溪洛渡、向家坝水库建成投运，两库在预留 14.6 亿 m^3 专用防洪库容用于宜宾、泸州防洪的基础上，剩余 40.93 亿 m^3 用于配合三峡水库对长江中下游和兼顾重庆地区防洪，保证荆江河段 100 年一遇防洪标准，相应三峡水库对城陵矶地区补偿控制水位可由单库运用的 155 m 抬升至联合调度模式下的 158 m，也在一定程度上为三峡水库 9 月上旬预蓄拓展了空间。按照目前的调度运行方式，溪洛渡、向家坝水库 9 月上旬原则上可根据实时来水情势，在确保荆江河段防洪安全的前提下，以汛末蓄水的方式配合防洪。考虑到长江上游 9 月上旬仍有大洪水发生，溪洛渡、向家坝水库配合三峡水库防洪的这部分库容不宜过早、过快全部释放，但预留空间和进程控制，与三峡水库所处的防洪工况有很大的关系。以下根据 9 月不同洪水面临情况，分析溪洛渡、向家坝、三峡梯级水库保证荆江河段安全的防洪库容预留组合方式，进而分析溪洛渡、向家坝水库配合三峡水库防洪库容释放条件。

1. 可能面临的洪水分析

水文分析表明，8 月下旬后长江洪水出现的概率逐步减少，但宜昌站有记录以来的最大洪峰流量就出现在 9 月上旬，因此防洪风险一般仍采用以枝城站为控制站的荆江河段全年设计洪水来考量。三峡水库设计阶段，依据长江历年来发生的实际年大洪水资料，选取 1954 年、1981 年、1982 年、1998 年作为洪水典型年，其中 1954 年、1998 年典型年为全流域型洪水，1981 年、1982 年典型年为上游型洪水。这些典型年实测资料可靠，基本能概括宜昌以上洪水的一般特性，具有较好的代表性。不同典型年坝址设计洪水最大洪峰流量值如表 8.6 所示。

表 8.6　三峡坝址设计洪水洪峰流量值统计表　　　　（单位：m^3/s）

典型年份	实际年洪峰流量	频率				
		$P=0.1\%$	$P=0.2\%$	$P=1\%$	$P=2\%$	$P=5\%$
1954	66 800	84 400	81 100	72 900	69 600	63 900
1981	70 800	101 000	96 500	85 200	80 500	73 600
1982	59 300	99 300	95 500	84 100	79 400	72 600
1998	63 300	101 000	96 700	85 600	80 800	73 900

尽管汛期末段宜昌仍可能发生年最大洪水，但即使发生秋汛洪水，其持续时间明显短于主汛期发生的洪水，洪量也一般排名靠后。如果在任何年景下都以全年设计洪水控制防洪风险，汛期压低运行水位，遇来水偏枯年份，水库群在汛后期蓄水压力较大。基于上述

考虑，选取宜昌近 140 年径流资料中年最大日均流量排名第一和第三的 9 月实测典型年大洪水，即 "1896.9" 和 "1945.9" 洪水作为分析对象。为考虑一定的安全裕度，将上述两场洪水流量过程按照加大 10%、15%、20% 进行放大，进行调洪计算的敏感性分析，以厘清发生实测大洪水时三库联合防洪调度的库容使用情况与空间裕度，为水库群蓄水进程控制和防洪风险分析提供支撑。采用的洪水和设置的放大方案如表 8.7 所示。由表可知：当放大系数达到 1.2 倍时，1896 年典型年的洪峰量级已经接近宜昌全年 100 年一遇设计洪水对应洪峰；当放大倍数达到 1.2 倍时，1896 年典型年的洪峰量级已经超过宜昌全年 100 年一遇设计洪水对应洪峰（流量为 83 700 m³/s），1945 年典型年接近 100 年一遇。

表 8.7　三峡水库 9 月实测洪水洪峰流量及放大参数表　　　　　（单位：m³/s）

典型年份	洪水量级			
	实际年	×1.1	×1.15	×1.2
1896	71 100	78 200	81 765	85 320
1945	67 500	74 250	77 625	81 000

2. 溪洛渡、向家坝、三峡水库联合防洪调度库容使用情况

采用汛期末段长江上游典型洪水，自三峡水库不同起调水位开始，进行调洪计算。当需要溪洛渡、向家坝水库配合时，按照《三库联调研究》等提出的溪洛渡、向家坝水库配合三峡水库对荆江河段防洪补偿调度方式进行拦洪削峰（溪洛渡、向家坝水库自三峡水库水位达到 158 m 后投入使用），进而推求使三峡水库水位不超过 171 m 所需要的溪洛渡、向家坝水库配合防洪的最小库容，相应结果如表 8.8 所示，遭遇不同类型大洪水时三峡水库起调水位与上游水库群应预留的防洪库容关系见图 8.9。

表 8.8　三峡水库不同蓄洪水位上游水库群应预留防洪库容统计表

三峡水库起调水位/m	上游水库群应预留防洪库容/亿 m³									
	P=1% 设计洪水		1896 年实际洪水				1945 年实际洪水			
	1954 年	1982 年	实际	放大 10%	放大 15%	放大 20%	实际	放大 10%	放大 15%	放大 20%
145	0.00	0.00	0.00	0.00	0.00	0.00	0.00	0.00	0.00	0.00
146	0.00	0.00	0.00	0.00	0.00	0.00	0.00	0.00	0.00	0.00
147	0.00	0.00	0.00	0.00	0.00	0.00	0.00	0.00	0.00	0.00
148	0.00	0.00	0.00	0.00	0.00	0.00	0.00	0.00	0.00	0.00
149	0.00	0.00	0.00	0.00	0.00	0.00	0.00	0.00	0.00	0.00
150	0.00	0.00	0.00	0.00	0.00	0.00	0.00	0.00	0.00	0.00
151	0.00	0.00	0.00	0.00	0.00	0.00	0.00	0.00	0.00	0.00
152	0.00	1.90	0.00	0.00	0.00	0.00	0.00	0.00	0.00	0.00
153	0.00	8.20	0.00	0.00	0.00	0.00	0.00	0.00	0.00	0.00
154	0.00	14.40	0.00	0.00	0.00	0.00	0.00	0.00	0.00	0.00

续表

三峡水库起调水位/m	上游水库群应预留防洪库容/亿 m³									
	P=1%设计洪水		1896 年实际洪水				1945 年实际洪水			
	1954 年	1982 年	实际	放大 10%	放大 15%	放大 20%	实际	放大 10%	放大 15%	放大 20%
155	0.00	20.60	0.00	0.00	0.00	4.40	0.00	0.00	0.00	0.00
156	0.00	27.40	0.00	0.00	0.00	11.20	0.00	0.00	0.00	0.00
157	6.20	34.20	0.00	0.00	0.00	18.00	0.00	0.00	0.00	0.00
158	19.90	40.93	0.00	0.00	0.00	30.10	0.00	0.00	0.00	0.40
159	28.20	47.89	0.00	0.00	5.70	36.90	0.00	0.00	0.00	9.30
160	35.00	54.69	0.00	0.00	12.50	43.70	0.00	0.00	0.00	16.10
161	42.70	—	0.00	0.00	20.20	51.30	0.00	0.00	0.00	24.70
162	50.30	—	0.00	4.80	27.80	—	0.00	0.00	0.00	36.50

注：① "—"表示即使预留溪洛渡、向家坝水库全部防洪库容，三峡水库调洪最高水位也将超过 171 m。

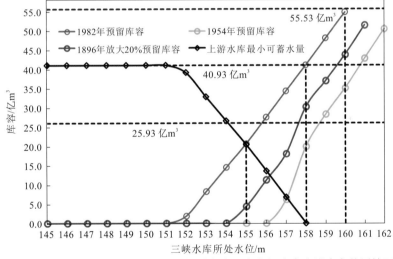

图 8.9　遭遇不同类型大洪水三峡水库水位与溪洛渡、向家坝水库防洪库容使用情况对照图

分析全年 100 年一遇设计洪水调洪结果可以得到以下结论。

（1）当三峡水库起调水位不高于 151 m（防御 1982 年典型年）和 156 m（防御 1954 年典型年）时，依靠三峡水库单库剩余防洪库容即可保证荆江河段防洪安全，溪洛渡、向家坝水库配合三峡水库对长江中下游防洪的这部分库容可以得到完全释放。

（2）当三峡水库起调水位在 155 m 以下（防御 1982 年典型年）和 158 m 以下（防御 1954 年典型年）时，溪洛渡、向家坝水库需至少预留的防洪库容基本可以兼顾川江河段防洪需求。

（3）当三峡水库起调水位达到或超过 158 m（防御 1982 年典型年）和 160 m（防御

1954 年典型年）时，溪洛渡、向家坝水库配合长江中下游防洪的库容理论上应全部保留，此时随着水位的抬升会承担一定的防洪风险。

分析汛期末段实际大洪水的调洪结果可以得出以下结论。

（1）当三峡水库起调水位不高于 162 m 时，通过单库防洪运用，仍可以保证荆江河段防洪安全，溪洛渡、向家坝水库用于配合中下游防洪的这部分库容可以得到完全释放。

（2）将实测洪水资料同步放大 10%～15%进行调洪计算，当三峡水库水位低于 158 m 时，汛期末段即使溪洛渡、向家坝水库不预留库容配合三峡水库对长江中下游进行防洪，风险依然可控。

（3）将实测洪水资料同步放大 20%，1896 年洪水洪峰对应量级超过宜昌站 100 年一遇，1945 年典型年也接近 100 年一遇，三峡水库起调水位若高于 158 m，上游需至少预留近 30 亿 m³ 防洪库容（假设预留在溪洛渡水库中，相应控制水位 575 m 左右）配合防洪，可能在一定程度上限制溪洛渡、向家坝水库 9 月上旬蓄水进程。

综上，从防洪安全的角度，溪洛渡、向家坝水库配合三峡水库对长江中下游地区防洪所需预留的防洪库容，随着三峡水库所处水位变化而动态变化。以确保三峡水库遭遇各种洪水类型时对荆江河段防洪能力不变为前提条件考虑，当三峡水库位于对城陵矶地区防洪补偿控制水位 155 m 时，溪洛渡、向家坝水库需预留防洪库容约 21 亿 m³；当三峡水库水位抬升至 158 m 时，溪洛渡、向家坝水库需预留防洪库容 40.93 亿 m³。

8.2　溪洛渡、向家坝水库与三峡水库协调蓄水方案

8.2.1　方案的拟定

过往研究表明，溪洛渡水库越早开始蓄水，对三峡水库蓄满越有利；同时溪洛渡水库先于三峡水库蓄水，从提高发电效益角度考虑较有利，因而建议三峡水库不早于溪洛渡水库蓄水。对于溪洛渡、向家坝水库的蓄水次序，结合 K 值判别结果，向家坝水库一般不早于溪洛渡水库开始蓄水。综上，建议三库的起蓄顺序为溪洛渡水库不晚于向家坝水库和三峡水库。

将三峡水库所处的蓄洪水位作为边界条件，通过设置不同的溪洛渡、向家坝水库起蓄时机和蓄水进程控制比选方案，探究库容空间的优化分配方式。由于本小节主要研究溪洛渡、向家坝水库蓄水方式的协调问题，所以三峡水库 9 月底的控蓄水位仍按照现行规程规定的 165 m 控制。结合三库防洪库容预留组合分析并考虑在枯水年适度承担风险，拟定三峡水库 9 月 10 日不同控蓄水位方案 150 m、155 m、158 m 和 160 m，相应设置与其相关的溪洛渡、向家坝水库蓄水调度方案如表 8.9 所示。

表 8.9　溪洛渡、向家坝水库蓄水调度方式组合表

方案编号	三峡水库 9 月 10 日控蓄水位/m	三峡水库 9 月 30 日控蓄水位/m	蓄水时间-9 月 10 日控蓄水位	
			溪洛渡水库	向家坝水库
1			9 月 1 日-570 m	9 月 1 日-380 m
2			9 月 1 日-580 m	9 月 1 日-380 m
3	150	165	9 月 1 日-590 m	9 月 5 日-375 m
4			8 月 21 日-580 m	9 月 1 日-380 m
5			8 月 21 日-590 m	9 月 1 日-380 m
6			9 月 1 日-570 m	9 月 11 日-370 m
7			9 月 1 日-570 m	9 月 5 日-375 m
8	155	165	9 月 1 日-570 m	9 月 1 日-380 m
9			8 月 21 日-580 m	9 月 1 日-380 m
10			8 月 21 日-590 m	9 月 1 日-380 m
11			9 月 11 日-560 m	9 月 11 日-370 m
12			9 月 1 日-570 m	9 月 11 日-370 m
13	158	165	9 月 1 日-570 m	9 月 5 日-375 m
14			9 月 1 日-580 m	9 月 1 日-380 m
15			8 月 21 日-590 m	9 月 1 日-380 m
16			9 月 11 日-560 m	9 月 11 日-370 m
17			9 月 1 日-570 m	9 月 11 日-370 m
18	160	165	9 月 1 日-570 m	9 月 5 日-375 m
19			9 月 1 日-580 m	9 月 1 日-380 m
20			8 月 21 日-590 m	9 月 1 日-380 m

8.2.2　联合蓄水效果分析

1. 蓄水指标分析

根据拟定的方案，采用 1959～2014 年长系列资料进行径流调节计算，各方案溪洛渡、向家坝、三峡梯级水库主要蓄水指标见表 8.10～表 8.12，不同方案间部分指标对比如图 8.10～图 8.12 所示。

从图表可以看出，从主要动能指标来看，一般而言，当三峡水库蓄水控制进程方案相同时，溪洛渡、向家坝水库起蓄时间越早，9 月 10 日控蓄水位越高（具体表现为 9 月 10 日两库所预留的防洪库容越少，且越早起蓄方案一般分阶段控蓄水位也越高），梯级多年平均发电量越高；同时使得下游梯级三峡水库的水量利用率逐渐提高。同时，对于部分方案（如方案 3 与方案 4），虽然方案 3 溪洛渡水库 9 月 10 日控蓄水位较高，预留的防洪库容总量（17.57 亿 m³）小于方案 4（24.98 亿 m³），但由于溪洛渡水库晚于方案 4 起蓄，方案 4 溪洛渡水库多年平均发电量要高于方案 3，最终梯级多年平均发电量也略高于方案 3。这也在一定程度上说明了梯级水库适当提前蓄水时机，稳步控制蓄水进程，相较单纯抬高控蓄水位对梯级整体蓄水效果较好。

表 8.10　溪洛渡、向家坝、三峡梯级水库主要动能指标表

项目		方案 1	方案 2	方案 3	方案 4	方案 5	方案 6	方案 7	方案 8	方案 9	方案 10	方案 11	方案 12	方案 13	方案 14	方案 15	方案 16	方案 17	方案 18	方案 19	方案 20
多年平均年发电量/(亿 kW·h)	溪洛渡水库	600.97	604.14	605.12	606.65	608.80	601.38	601.24	600.97	606.65	608.80	598.20	601.38	601.24	604.14	608.80	598.20	601.38	601.24	604.14	608.80
	向家坝水库	328.68	329.25	328.71	329.87	329.94	326.85	327.72	328.68	329.87	329.94	325.85	326.85	327.72	329.25	329.94	325.85	326.85	327.72	329.25	329.94
	三峡水库	929.23	930.14	930.66	930.64	931.90	932.68	932.90	933.07	934.23	935.12	934.13	934.20	934.34	934.55	936.32	935.17	935.11	935.18	935.17	936.90
	梯级	1 858.88	1 863.53	1 864.49	1 867.16	1 870.64	1 860.91	1 861.86	1 862.72	1 870.75	1 873.86	1 858.18	1 862.43	1 863.30	1 867.94	1 875.06	1 859.22	1 863.34	1 864.14	1 868.56	1 875.64
加权平均水头/m	溪洛渡水库	193.82	194.29	194.77	194.65	195.34	193.96	193.91	193.82	194.65	195.34	193.55	193.96	193.91	194.29	195.34	193.55	193.96	193.91	194.29	195.34
	向家坝水库	105.46	105.47	105.31	105.49	105.50	105.14	105.26	105.46	105.49	105.50	105.08	105.14	105.26	105.47	105.50	105.08	105.14	105.26	105.47	105.50
	三峡水库	93.39	93.44	93.47	93.46	93.53	93.67	93.68	93.69	93.74	93.79	93.80	93.80	93.80	93.80	93.89	93.87	93.86	93.85	93.85	93.94
水量利用率/%	溪洛渡水库	87.47	87.70	87.62	87.83	87.81	87.47	87.47	87.47	87.83	87.81	87.23	87.47	87.47	87.70	87.81	87.23	87.47	87.47	87.70	87.81
	向家坝水库	85.87	86.00	86.00	86.13	86.12	85.70	85.80	85.87	86.13	86.12	85.49	85.70	85.80	86.00	86.12	85.49	85.70	85.80	86.00	86.12
	三峡水库	96.18	96.21	96.22	96.23	96.26	96.12	96.13	96.14	96.18	96.20	96.10	96.11	96.12	96.14	96.20	96.13	96.13	96.15	96.15	96.20

表 8.11　溪洛渡、向家坝、三峡水库蓄满率统计表

（单位：%）

项目		方案1	方案2	方案3	方案4	方案5	方案6	方案7	方案8	方案9	方案10	方案11	方案12	方案13	方案14	方案15	方案16	方案17	方案18	方案19	方案20
9月中旬	溪洛渡水库	67.86	73.21	76.79	73.21	76.79	67.86	67.86	73.21	73.21	76.79	58.93	67.86	67.86	73.21	76.79	58.93	67.86	67.86	73.21	76.79
	向家坝水库	92.86	94.64	94.64	96.43	98.21	73.21	76.79	92.86	96.43	98.21	67.86	73.21	76.79	94.64	98.21	67.86	73.21	76.79	94.64	98.21
	三峡水库	—	—	—	—	—	—	—	—	—	—	—	—	—	—	—	—	—	—	—	—
9月下旬	溪洛渡水库	100.00	100.00	100.00	100.00	100.00	100.00	100.00	100.00	100.00	100.00	98.21	100.00	100.00	100.00	100.00	98.21	100.00	100.00	100.00	100.00
	向家坝水库	98.21	98.21	98.21	98.21	100.00	94.64	96.43	98.21	98.21	100.00	92.86	94.64	96.43	98.21	100.00	92.86	94.64	96.43	98.21	100.00
	三峡水库	—	—	—	—	—	—	—	—	—	—	—	—	—	—	—	—	—	—	—	—
10月上旬	溪洛渡水库	100.00	100.00	100.00	100.00	100.00	100.00	100.00	100.00	100.00	100.00	100.00	100.00	100.00	100.00	100.00	100.00	100.00	100.00	100.00	100.00
	向家坝水库	100.00	100.00	100.00	100.00	100.00	100.00	100.00	100.00	100.00	100.00	100.00	100.00	100.00	100.00	100.00	100.00	100.00	100.00	100.00	100.00
	三峡水库	—	—	—	—	—	—	—	—	—	—	—	—	—	—	—	—	—	—	—	—
10月中旬	溪洛渡水库	100.00	100.00	100.00	100.00	100.00	100.00	100.00	100.00	100.00	100.00	100.00	100.00	100.00	100.00	100.00	100.00	100.00	100.00	100.00	100.00
	向家坝水库	100.00	100.00	100.00	100.00	100.00	100.00	100.00	100.00	100.00	100.00	100.00	100.00	100.00	100.00	100.00	100.00	100.00	100.00	100.00	100.00
	三峡水库	—	—	—	—	—	—	—	—	—	—	—	—	—	—	—	—	—	—	—	—
10月下旬	溪洛渡水库	100.00	100.00	100.00	100.00	100.00	100.00	100.00	100.00	100.00	100.00	100.00	100.00	100.00	100.00	100.00	100.00	100.00	100.00	100.00	100.00
	向家坝水库	100.00	100.00	100.00	100.00	100.00	100.00	100.00	100.00	100.00	100.00	100.00	100.00	100.00	100.00	100.00	100.00	100.00	100.00	100.00	100.00
	三峡水库	87.50	89.29	89.29	89.29	89.29	89.29	89.29	89.29	89.29	89.29	89.29	89.29	89.29	89.29	89.29	89.29	89.29	89.29	89.29	89.29
汛后	溪洛渡水库	100.00	100.00	100.00	100.00	100.00	100.00	100.00	100.00	100.00	100.00	100.00	100.00	100.00	100.00	100.00	100.00	100.00	100.00	100.00	100.00
	向家坝水库	100.00	100.00	100.00	100.00	100.00	100.00	100.00	100.00	100.00	100.00	100.00	100.00	100.00	100.00	100.00	100.00	100.00	100.00	100.00	100.00
	三峡水库	94.64	94.64	94.64	94.64	94.64	92.86	94.64	94.64	94.64	94.64	92.86	92.86	94.64	94.64	94.64	92.86	92.86	94.64	94.64	94.64

表 8.12 溪洛渡、向家坝、三峡水库月平均下泄流量表

（单位：m³/s）

项目		方案1	方案2	方案3	方案4	方案5	方案6	方案7	方案8	方案9	方案10	方案11	方案12	方案13	方案14	方案15	方案16	方案17	方案18	方案19	方案20
9月	溪洛渡水库	7 769	7 769	7 769	8 144	8 377	7 769	7 769	7 769	8 144	8 377	7 771	7 769	7 769	7 769	8 377	7 771	7 769	7 769	7 769	8 377
	向家坝水库	7 648	7 648	7 648	8 019	8 250	7 651	7 650	7 648	8 019	8 250	7 661	7 651	7 650	7 648	8 250	7 661	7 651	7 650	7 648	8 250
	三峡水库	17 729	17 693	17 672	18 042	18 217	17 652	17 649	17 644	17 979	18 175	17 634	17 622	17 622	17 617	18 161	17 616	17 611	17 613	17 610	18 157
10月	溪洛渡水库	6 238	6 238	6 238	6 238	6 238	6 238	6 238	6 238	6 238	6 238	6 236	6 238	6 238	6 238	6 238	6 236	6 238	6 238	6 238	6 238
	向家坝水库	6 337	6 337	6 337	6 341	6 343	6 335	6 335	6 337	6 341	6 343	6 325	6 335	6 335	6 337	6 343	6 325	6 335	6 335	6 337	6 343
	三峡水库	12 967	12 998	13 014	13 006	13 045	13 033	13 038	13 042	13 064	13 085	13 049	13 062	13 065	13 071	13 098	13 067	13 073	13 074	13 078	13 101
11月	溪洛渡水库	3 341	3 341	3 341	3 341	3 341	3 341	3 341	3 341	3 341	3 341	3 341	3 341	3 341	3 341	3 341	3 341	3 341	3 341	3 341	3 341
	向家坝水库	3 407	3 407	3 407	3 407	3 407	3 407	3 407	3 407	3 407	3 407	3 407	3 407	3 407	3 407	3 407	3 407	3 407	3 407	3 407	3 407
	三峡水库	9 678	9 681	9 683	9 687	9 692	9 678	9 679	9 681	9 687	9 692	9 677	9 678	9 679	9 681	9 692	9 677	9 678	9 679	9 681	9 692

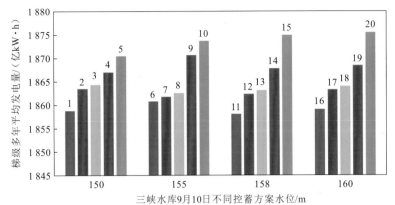

图8.10　溪洛渡、向家坝水库不同蓄水方案梯级水库多年平均发电效益对比图

图中数字对应表8.9中方案编号，余同

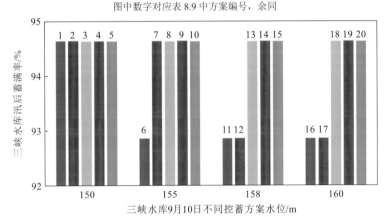

图8.11　溪洛渡、向家坝水库不同蓄水方案三峡水库汛后蓄满率对比图

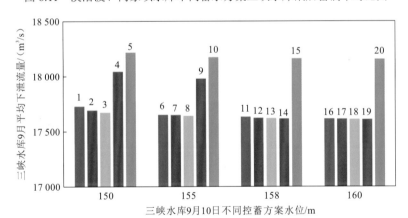

图8.12　溪洛渡、向家坝水库不同蓄水方案三峡水库9月平均下泄流量对比图

从梯级水库蓄满情况来看，各方案溪洛渡、向家坝水库均最晚可在10月上旬蓄满，其中溪洛渡水库除原规划设计方案，即9月11日自560 m起蓄以外，其余方案各年份均可在9月底蓄满；各方案中，向家坝水库须提前至9月1日起蓄并且不限制其在9月上旬蓄水量（即9月10日蓄水位可达380 m），同时上游溪洛渡水库尽量在9月10日以前多蓄水，水库9月底蓄满率方可达到100%。对于三峡水库而言，由于在9月底的控蓄水位均为

165 m，所以各方案间 10 月底和汛后蓄满率差异不大。从结果分析，若向家坝水库能够早于规划设计的 9 月 11 日开始蓄水，对三峡水库的汛后蓄满率影响较小。

从蓄水期下泄流量来看，三峡水库相同 9 月底控蓄水位条件下，溪洛渡、向家坝水库蓄水方式主要影响三峡水库 9 月下泄流量。分析表明：溪洛渡水库 9 月起蓄的各方案间，三峡水库 9 月平均下泄流量差别不大；反之，若溪洛渡水库进一步提前至 8 月下旬蓄水，可使三峡水库 9 月平均下泄流量增加近 300～600 m³/s。溪洛渡、向家坝水库不同蓄水方案对三峡水库 10～11 月平均下泄流量则无太大影响。总体而言，溪洛渡、向家坝水库起蓄时间越早，9 月 10 日控蓄水位越高，则对三峡水库 9～11 月供水越有利。

上述研究表明，如能结合三峡水库 9 月 10 日蓄水工况和防洪形势判断，适当提前溪洛渡、向家坝水库蓄水时机，将有效提高梯级水库的蓄水综合效益。在防洪风险可控的前提下，从对发电有利角度复核建议的溪洛渡、向家坝水库蓄水次序的合理性，结合近年调度实践，以溪洛渡、向家坝水库均自 9 月 1 日起蓄，9 月 10 日控蓄水位分别不超过 580 m、380 m 控制作为基础方案，进一步分析比较溪洛渡水库提前至 8 月 21 日起蓄方案、向家坝水库提前至 8 月 21 日起蓄方案、两水库均提前至 8 月 21 日起蓄方案对梯级水库各蓄水指标的影响，探讨一定蓄水量下的梯级水库蓄水时机与次序问题。三峡水库不同 9 月 10 日控蓄水位下，各蓄水次序方案的发电量指标对比如表 8.13 所示。

表 8.13　溪洛渡、向家坝水库不同蓄水次序梯级水库发电量统计表

三峡水库 9 月 10 日 控蓄水位/m	三峡水库 9 月 30 日 控蓄水位/m	梯级水库发电量/（亿 kW·h）			
		溪洛渡水库 9 月 1 日- 580 m，向家坝水库 9 月 1 日-380 m	溪洛渡水库 8 月 21 日- 580 m，向家坝水库 9 月 1 日-380 m	溪洛渡水库 9 月 1 日- 580 m，向家坝水库 8 月 21 日-380 m	溪洛渡水库 8 月 21 日- 580 m，向家坝水库 8 月 21 日-380 m
150	165	1 863.53	1 867.16	1 864.07	1 867.42
155		1 866.81	1 870.75	1 867.44	1 871.14
158		1 867.94	1 871.99	1 868.63	1 872.42
160		1 868.57	1 872.73	1 869.28	1 873.19

由表 8.13 可知：提前溪洛渡、向家坝水库蓄水时机至 8 月 21 日，有利于水库自身及梯级整体发电量的增加；仅提前溪洛渡水库蓄水时机相较于仅提前向家坝水库蓄水时机，对梯级总发电量的增益更为明显。同时提前溪洛渡、向家坝水库蓄水时机相较于单独提前溪洛渡水库蓄水时机，带来的发电增益则相对不明显。实际上，从各水库自身发电量来看，仅提前溪洛渡水库蓄水时机不仅有利于溪洛渡水库自身的发电量增加，通过联合调度使得向家坝水库增加的发电量，也与仅提前向家坝水库蓄水时机的发电增益差别不大。综上，考虑向家坝水库蓄水库容相对较小，且其预留的防洪库容对川渝河段宜宾市的防洪具有直接补偿作用，因此，一般情况下，建议向家坝水库不早于溪洛渡水库蓄水。

2. 典型年蓄水运用分析

三峡水库不同水位进程控制方案的应用效果也反映在对蓄水不利典型年的调度过程中。选取典型枯水年份，比较蓄水指标如表 8.14 所示。从典型年份蓄水情况来看，来水偏

表 8.14　典型枯水年份梯级水库不同方案蓄水指标表

	项目	方案1	方案2	方案3	方案4	方案5	方案6	方案7	方案8	方案9	方案10	方案11	方案12	方案13	方案14	方案15	方案16	方案17	方案18	方案19	方案20
1959年	梯级发电量/(亿kW·h)	1562	1563	1565	1569	1574	1564	1563	1562	1569	1574	1563	1564	1563	1563	1574	1563	1564	1563	1563	1574
	溪洛渡水库9月底蓄水位/m	600.00	600.00	600.00	600.00	600.00	600.00	600.00	600.00	600.00	600.00	600.00	600.00	600.00	600.00	600.00	600.00	600.00	600.00	600.00	600.00
	向家坝水库9月底蓄水位/m	380.00	380.00	380.00	380.00	380.00	380.00	380.00	380.00	380.00	380.00	379.21	380.00	380.00	380.00	380.00	379.21	380.00	380.00	380.00	380.00
	三峡水库汛后蓄水位/m	171.78	171.89	172.09	172.54	173.29	172.25	172.00	171.78	172.54	173.29	172.40	172.25	172.00	171.89	173.29	172.40	172.25	172.00	171.89	173.29
	三峡水库9月下泄流量/(m³/s)	9876	9835	9758	9966	9915	9699	9792	9876	9966	9915	9643	9699	9792	9835	9915	9643	9699	9792	9835	9915
2006年	梯级发电量/(亿kW·h)	1403	1403	1403	1407	1409	1403	1402	1403	1407	1409	1403	1403	1402	1403	1409	1403	1403	1402	1403	1409
	溪洛渡水库9月底蓄水位/m	600.00	600.00	600.00	600.00	600.00	600.00	600.00	600.00	600.00	600.00	600.00	600.00	600.00	600.00	600.00	600.00	600.00	600.00	600.00	600.00
	向家坝水库9月底蓄水位/m	380.00	380.00	380.00	380.00	380.00	376.50	377.35	380.00	380.00	380.00	370.00	376.50	377.35	380.00	380.00	370.00	376.50	377.35	380.00	380.00
	三峡水库汛后蓄水位/m	165.54	165.36	165.36	165.89	166.11	165.46	165.31	165.54	165.89	166.11	165.74	165.46	165.31	165.36	166.11	165.74	165.46	165.31	165.36	166.11
	三峡水库9月下泄流量/(m³/s)	8837	8899	8899	8982	9022	8872	8915	8837	8982	9022	8874	8872	8915	8899	9022	8874	8872	8915	8899	9022
1992年	梯级发电量/(亿kW·h)	1649	1651	1652	1654	1657	1650	1650	1649	1654	1657	1649	1650	1650	1651	1657	1649	1650	1650	1651	1657
	溪洛渡水库9月底蓄水位/m	600.00	600.00	600.00	600.00	600.00	600.00	600.00	600.00	600.00	600.00	600.00	600.00	600.00	600.00	600.00	600.00	600.00	600.00	600.00	600.00
	向家坝水库9月底蓄水位/m	380.00	380.00	380.00	380.00	380.00	379.87	380.00	380.00	380.00	380.00	374.88	379.87	380.00	380.00	380.00	374.88	379.87	380.00	380.00	380.00
	三峡水库汛后蓄水位/m	175.00	175.00	175.00	175.00	175.00	175.00	175.00	175.00	175.00	175.00	175.00	175.00	175.00	175.00	175.00	175.00	175.00	175.00	175.00	175.00
	三峡水库9月下泄流量/(m³/s)	9533	9452	9424	9627	9689	9411	9429	9533	9627	9689	9362	9411	9429	9452	9689	9362	9411	9429	9452	9689

续表

年份	项目	方案1	方案2	方案3	方案4	方案5	方案6	方案7	方案8	方案9	方案10	方案11	方案12	方案13	方案14	方案15	方案16	方案17	方案18	方案19	方案20
2011年	梯级发电量/(亿kW·h)	1544	1544	1544	1548	1551	1544	1544	1544	1548	1551	1542	1544	1544	1551	1542	1544	1544	1544	1544	1551
	溪洛渡水库9月底蓄水位/m	600.00	600.00	600.00	600.00	600.00	600.00	600.00	600.00	600.00	600.00	597.25	600.00	600.00	600.00	600.00	597.25	600.00	600.00	600.00	600.00
	向家坝9月底蓄水位/m	370.00	370.00	370.00	377.09	380.00	370.00	370.00	370.00	377.09	380.00	370.00	370.00	370.00	380.00	370.00	370.00	370.00	370.00	370.00	380.00
	三峡水库汛后蓄水位/m	175.00	175.00	175.00	175.00	175.00	175.00	175.00	175.00	175.00	175.00	175.00	175.00	175.00	175.00	175.00	175.00	175.00	175.00	175.00	175.00
	三峡水库9月下泄流量/(m³/s)	10675	10701	10701	10755	10796	10684	10675	10675	10755	10796	10769	10684	10675	10701	10796	10769	10684	10675	10701	10796
1997年	梯级发电量/(亿kW·h)	1674	1675	1674	1687	1678	1674	1674	1674	1678	1678	1677	1674	1674	1675	1678	1677	1674	1674	1675	1678
	溪洛渡水库9月底蓄水位/m	600.00	600.00	600.00	600.00	600.00	600.00	600.00	600.00	600.00	600.00	600.00	600.00	600.00	600.00	600.00	600.00	600.00	600.00	600.00	600.00
	向家坝9月底蓄水位/m	380.00	380.00	380.00	380.00	380.00	380.00	380.00	380.00	380.00	380.00	380.00	380.00	380.00	380.00	380.00	380.00	380.00	380.00	380.00	380.00
	三峡水库汛后蓄水位/m	175.00	175.00	175.00	175.00	175.00	174.90	175.00	175.00	175.00	175.00	174.25	174.90	175.00	175.00	175.00	174.25	174.90	175.00	175.00	175.00
	三峡水库9月下泄流量/(m³/s)	8393	8393	8288	8720	8845	8565	8490	8393	8720	8845	8813	8565	8490	8393	8845	8813	8565	8490	8393	8845
2002年	梯级发电量/(亿kW·h)	1672	1676	1678	1687	1700	1677	1676	1676	1691	1676	1676	1677	1676	1676	1700	1677	1676	1676	1676	1700
	溪洛渡水库9月底蓄水位/m	600.00	600.00	600.00	600.00	600.00	600.00	600.00	600.00	600.00	600.00	600.00	600.00	600.00	600.00	600.00	600.00	600.00	600.00	600.00	600.00
	向家坝9月底蓄水位/m	380.00	380.00	380.00	380.00	380.00	380.00	380.00	380.00	380.00	380.00	380.00	380.00	380.00	380.00	380.00	380.00	380.00	380.00	380.00	380.00
	三峡水库汛后蓄水位/m	162.48	162.96	163.15	163.14	164.06	163.79	163.43	163.32	163.82	164.18	164.57	163.79	163.43	162.96	164.18	164.57	163.79	163.43	162.96	164.18
	三峡水库9月下泄流量/(m³/s)	9525	9398	9344	9723	9700	9168	9268	9297	9535	9664	8946	9168	9268	9398	9664	8946	9168	9268	9398	9664

枯对溪洛渡、向家坝、三峡梯级水库的影响主要可分为三类：①对溪洛渡、向家坝、三峡水库蓄水均有一定影响的年份，如 1959 年、2006 年；②对溪洛渡、向家坝水库蓄水有一定影响，对三峡水库蓄水影响不大的年份，如 1992 年、2011 年；③对溪洛渡、向家坝水库蓄水影响不大，对三峡水库有一定影响的年份，如 1997 年、2002 年。

进一步对各枯水典型年份分析可知，一般情况下，溪洛渡水库均可以在 9 月蓄满，向家坝水库需适当提前蓄水，也可在 9 月蓄满。三峡水库除 1959 年、2002 年、2006 年典型年外，其余年份通过与溪洛渡、向家坝水库协同蓄水，各方案汛末可蓄至 175 m。梯级水库起蓄时间越早，9 月 10 日控蓄水位越高，三峡水库 9 月平均下泄流量越大。当溪洛渡水库提前至 8 月 21 日、向家坝水库提前至 9 月 1 日蓄水，梯级水库发电量、三峡水库汛末蓄水位和三峡水库 9 月平均下泄流量均有明显改善。但仅抬高溪洛渡、向家坝水库 9 月 10 日控蓄水位而未提前蓄水时机，可能由于溪洛渡、向家坝水库集中蓄水而造成三峡水库汛后蓄水位降低或 9 月下泄流量减小。因而遭遇类似枯水年份，溪洛渡、向家坝水库适当提前 1~2 旬起蓄，对提高梯级蓄水效益有利；同时为提高类似年份三峡水库蓄水指标，必须进一步提前三峡水库的蓄水时机。

综上，一般年份，梯级水库竞争性蓄水矛盾不突出，但遇枯水年份，尤其是 9 月上旬及 9 月整体偏枯或特枯年份，如不能结合前期上、下游来水情势相机提前水库蓄水时机，汛末蓄水形势将非常严峻。本书中假定目前的气象水文预报可以提供 1 旬左右水量预测和 1 个月丰枯情势判断，可依此结合流域防洪形势和水库群预留防洪库容状态，制定合理的蓄水策略，并进行滚动校正。在 8 月中下旬，如果结合预报流域上、下游无较大降雨过程，沙市站、城陵矶站水位低于警戒水位，且溪洛渡、向家坝水库剩余的防洪库容大于三峡水库所处水位对应的溪洛渡、向家坝水库需要预留的防洪库容时，可考虑结合预报逐步释放防洪库容，进行预报预蓄；当结合延伸期预报判断下一阶段（主要是 9 月上旬）来水量偏枯时，可考虑适当提前开始蓄水，并滚动判断是否进一步抬升水库蓄水进程。

8.2.3　联合蓄水风险分析

1. 对下游防洪的影响分析

受三峡水库 9 月 10 日控蓄水位限制，溪洛渡、向家坝水库不同蓄水方案所预留的防洪库容与保障长江中下游防洪安全所需的防洪库容的关系列于表 8.15。其中，遭遇设计洪水所需预留防洪库容以 1982 年典型年控制；遭遇 9 月实际洪水所需预留防洪库容以 1896 年典型年控制，并考虑按照系数 15%进行放大（进一步放大至 20%，场次洪水洪峰将超 100 年一遇）。从偏安全考虑，暂不考虑溪洛渡、向家坝水库为川渝河段宜宾、泸州预留的 14.6 亿 m^3 防洪库容和配合三峡水库对长江中下游兼顾重庆防洪库容的共用性，认为三库预留防洪库容需同时满足二者所需防洪库容叠加，方可保证各防洪对象安全。

从表中可以看出，当三峡水库 9 月 10 日控蓄水位为 150 m 时，溪洛渡、向家坝水库配合长江中下游防洪的库容具备完全释放的条件，仅需为川渝河段宜宾、泸州预留专用库容 14.6 亿 m^3，即可满足流域防洪需求，因而除方案 5 以外，各方案均仅依靠三峡水库单

表 8.15 溪洛渡、向家坝水库不同蓄水调度方式防洪库容分析表

方案编号	三峡水库 9月10日控蓄水位/m	溪洛渡、向家坝、泸州水库为为宜宾、泸州预留防洪库容/亿 m³	溪洛渡、向家坝水库为长江中下游并兼顾重庆预留防洪库容（设计洪水/实际洪水）/亿 m³	溪洛渡、向家坝水库应预留总防洪库容（设计洪水/实际洪水）/亿 m³	蓄水时间-9月10日控蓄水位 溪洛渡水库	蓄水时间-9月10日控蓄水位 向家坝水库	预留防洪库容 溪洛渡水库/亿 m³	预留防洪库容 向家坝水库/亿 m³	预留防洪库容 总预留库容/亿 m³	防洪库容分析
1	150	14.6	0.0/0.0	14.6/14.6	9月1日-570 m	9月1日-380 m	36.21	0.00	36.21	满足设计洪水防洪要求
2					9月1日-580 m	9月1日-380 m	24.98	0.00	24.98	
3					9月1日-590 m	9月5日-375 m	12.92	4.65	17.57	
4					8月21日-580 m	9月1日-380 m	24.98	0.00	24.98	满足枯水年份防洪要求
5					8月21日-590 m	9月1日-380 m	12.92	0.00	12.92	
6	155	14.6	20.6/0.0	35.2/14.6	9月1日-570 m	9月11日-370 m	36.21	9.03	45.24	满足设计洪水防洪要求
7					9月1日-570 m	9月5日-375 m	36.21	4.65	40.86	
8					9月1日-570 m	9月1日-380 m	36.21	0.00	36.21	满足汛期末段最大实际洪水防洪要求
9					8月21日-580 m	9月1日-380 m	24.98	0.00	24.98	
10					8月21日-590 m	9月1日-380 m	12.92	0.00	12.92	满足枯水年份防洪要求
11	158	14.6	40.93/0.0	55.53/14.6	9月11日-560 m	9月11日-370 m	46.50	9.03	55.53	满足设计洪水防洪要求
12					9月1日-570 m	9月11日-370 m	36.21	9.03	45.24	
13					9月1日-570 m	9月5日-375 m	36.21	4.65	40.86	满足汛期末段最大实际洪水防洪要求
14					9月1日-580 m	9月1日-380 m	24.98	0.00	24.98	
15					8月21日-590 m	9月1日-380 m	12.92	0.00	12.92	满足枯水年份防洪要求
16	160	14.6	54.69/12.5	超 55.53/27.1	9月11日-560 m	9月11日-370 m	46.50	9.03	55.53	满足设计洪水防洪要求
17					9月1日-570 m	9月11日-370 m	36.21	9.03	45.24	
18					9月1日-570 m	9月5日-375 m	36.21	4.65	40.86	满足汛期末段最大实际洪水防洪要求
19					9月1日-580 m	9月1日-380 m	24.98	0.00	24.98	
20					8月21日-590 m	9月1日-380 m	12.92	0.00	12.92	满足枯水年份防洪要求

库运用即可防御 100 年一遇年最大设计洪水。当三峡水库 9 月 10 日控蓄水位达到 155 m 时，以遭遇 100 年一遇年最大设计洪水三峡水库不超过 171 m 反推溪洛渡、向家坝水库配合防洪库容约为 20.6 亿 m³，方案 6～8 预留库容可同时满足荆江河段和川渝河段防洪要求；此时溪洛渡、向家坝水库开展提前蓄水和蓄水进程优化的灵活度较大。当三峡水库 9 月 10 日蓄水控制水位达到 158 m 时，为保证遭遇 100 年一遇设计洪水防洪安全，溪洛渡、向家坝水库 9 月 10 日前理论上需预留全部防洪库容，9 月 11 日方可蓄水。

如果以遭遇汛期末段实测大洪水（并考虑一定放大系数）三峡水库调洪不超过 171 m 作为控制目标，则三峡水库 9 月上旬控蓄水位可以进一步抬升。三峡水库 9 月 10 日控蓄水位为 158 m 时，溪洛渡水库 9 月 10 日水位不超过 580 m，仍能满足防洪要求。三峡水库 9 月 10 日控蓄水位为 160 m 时，当溪洛渡水库 9 月 10 日水位不超过 570 m，仍能满足防洪要求。考虑到溪洛渡、向家坝水库对川渝河段防洪和配合三峡水库对长江中下游地区防洪的不可替代性，为增加溪洛渡、向家坝水库汛期调度的灵活性，建议一般情况下，三峡水库 9 月 10 日控蓄水位不高于 158 m。

同时，当流域面临枯水（川渝和长江中下游不发生恶劣遭遇）时，即便三峡水库 9 月 10 日控蓄水位达到 160 m，溪洛渡、向家坝两库预留库容达到 12.5 亿 m³ 左右时，也基本可以保证流域防洪安全。

防洪风险的规避措施方面如下。

（1）三峡工程的防洪保护范围为长江中下游广大地区，洪水组成复杂多变，为确保长江中下游防洪安全，在提前蓄水期间要密切关注长江下游主要控制站沙市站、城陵矶站水位变化的情况。9 月中下旬虽处在洪水退水阶段，但若沙市站、城陵矶站水位处在警戒水位时，长江下游防汛工作将仍处在备战状态。同时，为稳妥起见，当预报三峡水库上游将发生较大洪水时，水库应暂停兴利蓄水，进行防洪调度。如果洪水涨势较为迅速，防洪形势复杂又紧张，应根据实时水雨情信息在洪峰来临前适时加大水库群下泄，尽快降低水位至安全范围以内。

（2）实际调度过程中，当三峡水库水位较高时，为保障荆江河段防洪安全，可能占用溪洛渡、向家坝水库为川渝河段预留的防洪库容。通过分析川江河段与长江中下游洪水遭遇特点，表明川江河段与长江中下游较为全面、恶劣的洪水遭遇一般发生在 7 月下旬至 8 月上旬。因而，在应对部分来水典型时，溪洛渡、向家坝水库为川渝河段宜宾、泸州防洪预留的 14.6 亿 m³ 防洪库容可能配合参与长江中下游防洪。

2. 对库区的影响分析

1）溪洛渡水库

根据《金沙江溪洛渡水电站可行性研究报告》，计算金沙江干流溪洛渡水库在泥沙淤积 20 年床面上，遭遇 5 年、20 年一遇年最大洪水时的库区回水水面线。库区回水水面线的推算条件为："汛期遭遇 5 年一遇频率洪水时，其回水计算的坝前水位为 570 m，系采用 9 月 15 日的蓄水水位；遭遇 20 年、25 年一遇的频率洪水时，其坝前水位分别为 581.2 m 和 584.6 m，由电站的泄流能力控制（水库 9 月 15 日的水位低于该值）"，相应频率的推算流量 5 年一遇为 21 800 m³/s、20 年一遇为 28 200 m³/s。汛后回水线计算坝前水位均采用正常蓄水位 600 m，相应频率的推算流量 5 年一遇为 16 700 m³/s、20 年一遇为 21 600 m³/s。

溪洛渡水库设计移民线和土地线按照坝区 601 m（正常蓄水位 600 m+1 m 安全超高）接汛期、后汛期 20 年一遇、5 年一遇洪水的回水水面线外包确定。因此，近坝段的移民线和土地线平水段采用 601 m，回水段分别采用汛期设计回水水面线（570 m 或 581.2 m 起推）和后汛期设计回水水面线（600 m 起推）取外包线求得。当溪洛渡水库水位汛期低于 581.2 m 或入库流量低于 28 200 m³/s（20 年一遇），则汛期末段水位上浮对溪洛渡水库移民迁移线无影响；当溪洛渡水库水位汛期低于 570 m 或入库流量低于 21 800 m³/s（5 年一遇），则汛期末段水位上浮对溪洛渡水库土地征用线无影响。考虑到汛期末段长江上游来水逐步衰退，达到 5 年一遇洪峰流量概率十分有限。

同时，依据《金沙江溪洛渡水电站水库运用与电站运行调度规程（送审稿）》，溪洛渡水库上游白鹤滩水库建成后和溪洛渡水库联合运用可削减溪洛渡水库的入库洪峰流量，溪洛渡水库的蓄水控制水位可进一步提高。综上，溪洛渡水库提前蓄水方案造成溪洛渡库区淹没的风险基本可控。

2）向家坝水库

根据《金沙江向家坝水电站可行性研究报告》，按照不同的水库淹没处理标准推算库区干流计算回水水面线。向家坝水库移民迁移线按照坝前 381 m（正常蓄水位 380 m+1 m 风浪影响）接 20 年一遇洪水的回水水面线确定，土地征用线按照 380.5m 接建库后 5 年一遇洪水的回水水面线确定。干流 5 年、20 年一遇洪水流量分别为 21 800 m³/s 和 28 200 m³/s。

为不超过库区移民迁移线，则要求向家坝水库坝前水位不超过 380.4 m，或入库洪峰流量不超过 28 300 m³/s；为不超过土地征用线，则要求向家坝水库坝前水位不超过 380.2 m，或入库洪峰流量不超过 21 900 m³/s。按照向家坝水库汛期运行方式，其水位一般不会超过 380 m，因此向家坝水库适当提前蓄水一般不会增加对库区淹没的影响。

3）三峡水库

三峡水库的土地淹没标准为 5 年一遇洪水，移民标准为 20 年一遇洪水，相应的库区回水推算条件是按照对荆江河段补偿调度方式进行水库调洪计算拟定，库区回水线为汛期水库按 145 m 起调的不同蓄洪状态及汛后水库蓄满状态的回水外包线。

对于土地淹没风险，规定采用汛后 5 年一遇的土地淹没线推算的临界流量为 18 300 m³/s。同时，考虑在蓄水期若预报入库流量较大时，库区回水线可能会淹没部分土地线，根据蓄水期土地线淹没的临界水位指标，推求了后汛期临界库水位与预报入库流量的对应关系如图 8.13 所示。

由图可知，当预报某一入库流量库水位处于临界线以下时，水库蓄水不会淹没土地线，当处于临界线以上时，则蓄水存在库区淹没风险，须适当控制蓄水进程或降低水位。当三峡水库水位接近 165 m 时，相应预警的入库流量达到 48 000 m³/s；当三峡水库水位接近 170 m 时，相应预警的入库流量则为 38 000 m³/s 左右。本书将三峡水库 9 月 30 日控蓄水位边界设定为 165m，考虑到实施分阶段水位的抬升一般针对枯水年份，而这一流量级在汛后期本就不易达到，库区土地淹没风险总体可控。但当三峡水库 9 月底控蓄水位继续抬升，遇 9 月中下旬较大洪水，可能面临土地淹没风险，在后续三峡水库蓄水进程研究中进一步评估。

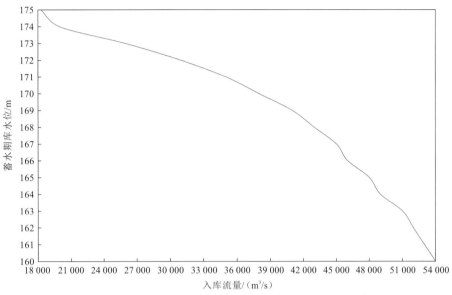

图 8.13　三峡水库临界库水位与预报入库流量的对应关系图

8.2.4　联合蓄水调度方式

溪洛渡、向家坝水库配合三峡水库对长江中下游地区的防洪库容释放与三峡水库防洪工况有关，随着三峡水库所处水位变化而动态变化，并非一成不变。实时调度过程中应根据三库实际蓄水量和所处的防洪阶段确定允许蓄水空间，为水库群关键节点蓄水控制水位提供支撑。

综合分析：当三峡水库 9 月 10 日控制水位在 150 m 以下时，溪洛渡、向家坝水库配合长江中下游防洪库容可全部释放。一般情况下，溪洛渡、向家坝水库可自 9 月 1 日起蓄，9 月 10 日控蓄水位可按不超过 580 m、380 m 控制；8 月中下旬结合前期上、下游实时水情和延伸期丰枯情势预判，在有充分把握川江河段和上游其他支流洪水不发生恶劣遭遇的情况下，考虑将溪洛渡水库蓄水时机提前至 8 月 21 日，溪洛渡水库 9 月 10 日控蓄水位进一步抬升至 580～590 m，以协调与三峡水库 9 月蓄水矛盾。

当三峡水库 9 月 10 日控制水位在 150～155 m 时，一般情况下，溪洛渡、向家坝水库自 9 月 1 日起蓄，9 月 10 日控蓄水位分别按不超过 570 m、380 m 控制；在有充分把握川江河段和上游其他支流洪水不发生恶劣遭遇的情况下，可进一步将溪洛渡水库蓄水时机提前至 8 月 21 日、9 月 10 日控蓄水位抬高至不超过 580 m。

当三峡水库 9 月 10 日控制水位在 155～158 m 时，此时理论上溪洛渡、向家坝水库应尽量按规划设计方案进行蓄水，预留足够库容，并应密切关注城陵矶地区防洪形势，判断兼顾城陵矶地区防洪库容可否有序释放；在有充分把握川江河段和上游其他支流洪水不发生恶劣遭遇的情况下，参考近年实际蓄水计划，溪洛渡、向家坝水库可自 9 月 1 日、9 月 5 日起蓄，9 月 10 日控蓄水位分别按不超过 570 m、375 m 控制。此时两库预留防洪库容尚有 40.86 亿 m³，基本可以满足本流域和长江中下游防洪安全，三库联合蓄水策略梳理见表 8.16。

表8.16　溪洛渡、向家坝、三峡梯级水库群联合蓄水策略表

调度时段	判别条件	蓄水策略[1]			风险控制
		三峡水库	溪洛渡水库	向家坝水库	
8月21日～8月31日	沙市站、城陵矶（莲花塘）站底水不高（水位分别低于40.3 m、30.4 m），洞庭湖区水位处于退势，并预判[2]上游来水偏枯[3]	衔接汛期末段上浮运行，提前至8月下旬启动预蓄，控蓄水位一般不超过155 m	不晚于三峡水库启动蓄水，控蓄水位一般不超过580 m	不早于溪洛渡水库启动蓄水，控蓄水位不超过380 m	①当预报三峡水库入库流量超过55 000 m³/s，或沙市站、城陵矶（莲花塘）站水位将达到40.3 m、30.4 m，水库暂停上浮运行与兴利蓄水，按防洪要求进行调度；②城陵矶河段底水位较高、城陵矶地区有防洪需求并且占主导地位时，三峡水库应控制水库水位，保证城陵矶地区防洪安全
	沙市至城陵矶河道及洞庭湖区底水较高，或预判上游来水正常或偏丰	衔接汛期末段上浮运行，8月31日后启动预蓄，8月31日控蓄，控蓄水位一般不超过150 m	8月31日后视上游来水和三峡水库工况相机启动蓄水	8月31日后视上游来水和三峡水库工况相机启动蓄水	
9月1日～9月10日	预判上游干支流可能发生较大洪水且洪水不发生恶劣遭遇	控蓄水位150 m以下	控蓄水位不超过580～590 m，防洪调度兼顾蓄水	控蓄水位不超过380 m，防洪调度兼顾蓄水	①当预判上游来水正常或偏丰时，溪洛渡、向家坝坝水库预留防洪库容不小于保证长江中下游防洪安全所需的防洪库容14.6亿m³；②当预报溪洛渡水库入库流量将超过21 800 m³/s时，水库暂停兴利蓄水，并结合水文预报及时降低水位运行，避免库区淹没
	预判上游干支流不发生较大洪水或洪水不发生恶劣遭遇		控蓄水位不超过590 m	控蓄水位不超过380 m	
	预判上游来水偏枯		控蓄水位不超过590 m	控蓄水位不超过380 m	
9月10日	预判上游干支流可能发生较大洪水且洪水不发生恶劣遭遇		控蓄水位不超过570 m，防洪调度兼顾蓄水	控蓄水位不超过380 m，防洪调度兼顾蓄水	①当预判上游来水正常或偏丰时，溪洛渡、向家坝坝水库预留防洪库容不小于保证长江中下游防洪安全所需的最小防洪库容21亿m³左右；②当预报溪洛渡水库兴利蓄水超过21 800 m³/s时，并结合水文预报及时降低水位运行，避免库区淹没
	预判上游干支流不发生较大洪水或洪水不发生恶劣遭遇		控蓄水位不超过580 m，防洪调度兼顾蓄水	控蓄水位不超过380 m，防洪调度兼顾蓄水	
	预判上游来水偏枯		控蓄水位不超过590 m	控蓄水位不超过380 m	

续表

调度时段	判别条件	蓄水策略[1]			风险控制
		三峡水库	溪洛渡水库	向家坝水库	
9月1日～9月10日	预判上游干支流可能发生较大洪水且洪水发生恶劣遭遇	控蓄水位155～158 m	控蓄水位不超过560 m，9月11日启动蓄水	控蓄水位不超过370 m，9月11日启动蓄水	①当预判上游来水正常或偏丰时，溪洛渡、向家坝水库预留不小于保证长江中下游防洪安全所需的最小防洪库容40亿 m³ 左右；②当预报溪洛渡水库入库流量将超过21 800 m³/s 时，水库暂停兴利蓄水，并结合水文预报及时降低水位运行，避免库区淹没
	预判上游干支流不发生较大洪水或洪水不发生恶劣遭遇		控蓄水位不超过570 m，防洪调度兼顾蓄水	控蓄水位不超过375 m，防洪调度兼顾蓄水	
	预判上游来水偏枯		控蓄水位不超过590 m	控蓄水位不超过380 m	
9月11日～9月30日	预判上游来水偏枯	控蓄水位不超过168 m	控蓄水位不超过600 m	控蓄水位不超过380 m	①在蓄水期间，当预报短期内沙市站、城陵矶（莲花塘）站水位将达到警戒水位（分别为43.0 m、32.5 m），或三峡水库入库流量达到35 000 m³/s 并预报可能继续增加时，水库暂停兴利蓄水，按防洪要求进行调度；②当预报三峡水库入库流量将超过库对应土地淹没临界流量时，应结合水文预报及时降低水位运行，避免库区淹没
	预判上游来水正常或偏丰[3]	9月20日以前控蓄水位不超过165 m，9月20日以后控蓄水位不超过168 m			

注：[1]蓄水策略包括蓄水时机、调度时段内控蓄水位及水位抬升方式；[2]水预判指10天左右的中长期来水滚动预测；[3]来水偏枯指三峡水库旬径流量分位数75%左右；偏丰指旬径流量分位数25%左右；二者之间为来水正常年份；[4]控蓄水位为调度时段内控蓄水位。

　　当结合中长期水文预报及延伸期趋势预判，如果判断流域 9 月，特别是 9 月上旬来水偏枯时，溪洛渡、向家坝水库应相机提前开始蓄水，并在防洪风险可控的前提下，尽可能抬高溪洛渡水库 9 月 10 日的控蓄水位，以避免在上游来水偏枯的情况下，仍与三峡水库集中蓄水，不利于三峡水库供水期综合利用效益的发挥。

　　从操作层面来说，溪洛渡、向家坝水库，主要设立以下游三峡水库 9 月蓄洪水位为判别的蓄水条件，并可根据三峡水库的蓄水状态制定蓄水策略。金沙江和三峡水库 9 月上旬均有发生大洪水的概率，如果三峡水库正在实施防洪调度，溪洛渡、向家坝水库可以参与防洪的形式兼顾蓄水，蓄水之后视水情涨落动态调整 9 月 10 日控蓄水位；如果三峡水库未进行拦洪蓄水，说明上、下游水情较为平稳，此时溪洛渡、向家坝水库可以根据水情预判及三峡水库的蓄水计划，考虑进行提前蓄水。按照这种判别条件，可有效控制 9 月发生洪水时流域防洪风险，实现上下游水库联动的动态蓄水，协调防洪与兴利的矛盾，具有可操作性。同时，在蓄水过程中要密切关注径流的发展变化，根据水文预报信息控制蓄水进程或适当降低水位，以减缓和消除由于当前蓄水位较高再遭遇秋汛期洪水，造成中下游防洪和库区淹没风险的不利局面。随着上游乌东德、白鹤滩水库的建成投运，三峡水库防洪调度的灵活性将进一步提高，上述方式防洪风险是可控的。

第9章

水库群不同蓄水方案对中下游供水作用

本章结合长江中下游干流、洞庭湖及鄱阳湖区等对象供水及灌溉用水需求，分析水库蓄水对下游生产、生活用水的影响；模拟计算各蓄水方案下三峡水库不同下泄流量保证率，从减缓因水库蓄水对长江中下游影响角度，优化水库蓄水期调度图，提出面向提高下游供水保证程度的蓄水调度方案。

9.1　水库群蓄水对长江中下游供水的影响

9.1.1　蓄水对长江中下游干流供水的影响

按照目前的三峡水库调度方案，9 月蓄水期间，一般情况下控制水库下泄流量不小于 8 000~10 000 m³/s，当水库来水流量大于 8 000 m³/s 但小于 10 000 m³/s 时，按来水流量下泄，水库暂停蓄水；当水库来水流量小于 8 000 m³/s 时，若水库已蓄水，可根据来水情况适当补水至 8 000 m³/s 下泄。10 月蓄水期间，一般情况下水库下泄流量按不小于 8 000 m³/s 控制，当水库来水流量小于以上流量时，可按来水流量下泄。11 月蓄水期间，水库最小下泄流量按葛洲坝下游庙嘴站水位不低于 39.0 m 和三峡电站发不小于保证出力对应的流量控制。三峡水库蓄水运用以来，每年最枯的 1~2 月，沿江各主要城市的生活和工业取水设施均能保证一般和偏枯年景下的取水要求。因此，一般情况下三峡水库蓄水不会对长江中下游干流沿江城市供水产生实质影响。

长江中下游沿江灌区灌溉期一般为每年 4~10 月，农业灌溉在非汛期的需水量较大。三峡工程蓄水运用改变了枯水期水量分配，对沿江农业灌溉有利。在三峡水库蓄水期，对于涵闸引水的灌区，仅在特枯年出现闸底板高程高于长江干流水位的情况而导致缺水，此时三峡水库需暂停蓄水甚至补水；对于利用泵站提水的灌区，由于供水保证率较高，受三峡水库蓄水影响也较小。9~10 月三峡水库蓄水，是长江中下游由汛期向枯期逐步过渡的时期，下游农业灌溉要求蓄水过程不要过于集中，保持一定水平的下泄流量满足农业灌溉要求。目前的蓄水方案已经充分考虑了对长江中下游沿江农业灌溉的影响，尽可能拉长了蓄水过程，并合理分配各时段蓄水量，有效降低了蓄水对农业灌溉的影响。

9.1.2　蓄水对洞庭湖区供水及灌溉的影响

洞庭湖区对长江干流来水需求主要反映在两个方面：一是湘江长株潭地区的城镇供水；二是荆南四河的灌溉。

1. 湘江长株潭地区的城镇供水

过往研究对湘江长株潭地区历史枯水成因分析表明，其出现原因除降雨偏少、三峡水库蓄水使长江干流水位降低外，湘江下游河床下切使湘潭至长沙河段同流量情况下水位偏低，也是主要原因之一。湘潭站流量在 550 m³/s 时，20 世纪 90 年代湘潭站平均水位为 28.4 m 左右，而 2000 年以后同流量下湘潭站平均水位已降为 27.6 m 左右，同流量时湘潭站水位平均降低 0.8 m 左右，长沙站水位降低 0.4~0.5 m，这也是进入 21 世纪后，湘潭站流量未到历史最低时，长沙站、湘潭站水位不断刷新历史最低纪录的重要原因。

2. 荆南四河的灌溉

荆南四河（也就是洞庭湖的松滋、虎渡、藕池河等河）沿江灌区是湖北省重要的粮、油产区，粮食作物主要有水稻、小麦、玉米、杂粮等，经济作物主要有棉花、油菜、蔬菜、瓜果等，广泛采用油（麦）稻两熟的作物种植模式。采用的引水设施一般兼有防洪和抗旱的功能，主要形式为灌、排相结合的渠道，即灌区主要排水沟道同时也是灌水渠道。渠道断面大、渠底高程低，一般能够满足排涝要求，但在灌溉时，为了保证水能引到田间，还需设置泵站提水设施。从灌溉需求看，由于沿江灌区主要灌溉水源为长江过境水，对客水（过境水）的依赖性较强。缺水主要发生在春灌期（4 月下旬～5 月中旬），每年的 5 月上旬以前，长江水位低，而此期间降雨偏少，冬小麦灌溉用水，早稻泡田、返青期，蔬菜用水等得不到保障，经常发生春灌缺水的现象。因此，三峡水库蓄水期对荆南四河地区的灌溉影响不大，但三峡水库汛后能否蓄至理想水位，对次年沿江灌溉有一定的影响。

9.1.3　蓄水对鄱阳湖区供水及灌溉的影响

三峡水库蓄水期主要是 9～10 月，也是鄱阳湖区用水高峰季节，其间降雨少，蒸发大，农业生产及其他用水量多，环湖农田、城镇与乡村的生产、生活用水均以鄱阳湖为取水水源，其中部分农田可通过涵闸自流引水灌溉。当外湖水位降低时，涵闸引水频率及引水量明显降低，导致该部分农田用水保证率降低，需新增配套提水泵站进行提水灌溉。同时，外水位降低后，致使提水泵站必须在更低水位条件下运用，扬程加大，机组必须进行更新改造才能适应水位变化后运行工况的要求。外水降低还增加了泵站运行时间，提高了取水生产成本。因此，鄱阳湖区灌溉、供水对水库调度的需求，主要还是在于调度时尽可能在9～10 月蓄水期加大下泄流量，减少鄱阳湖在此期间的出湖水量。

9.2　三峡水库不同蓄水方案的下泄流量保证率

9.2.1　不同蓄水方案三峡水库下泄流量

1. 9 月上旬不同预蓄水位方案三峡水库下泄流量

为分析三峡水库 9 月上旬不同预蓄水位控制方案对中下游水文情势的影响，在 9 月底控制蓄水位分别为 162 m、165 m、168 m、170 m 的条件下，拟定 9 月上旬允许上浮水位150 m、155 m、158 m、160 m 4 个方案，进行长系列径流调节计算，对比各方案三峡水库下泄流量见表 9.1～表 9.4。如无特殊说明，假定溪洛渡水库 9 月 1 日开始蓄水，控制 9 月 10 日蓄水位不高于 570 m；向家坝水库 9 月 5 日开始蓄水，控制 9 月 10 日蓄水位不高于 375 m。

表 9.1　9 月底控制蓄水位 162 m 时 9 月上旬不同预蓄水位下泄流量对比表

项目	方案 1	方案 2	方案 3	方案 4
9 月上旬允许预蓄水位/m	150	155	158	160
9 月平均下泄流量/（m³/s）	18 451	18 391	18 377	18 377

项目	方案 1	方案 2	方案 3	方案 4
其中：9 月中下旬平均下泄流量/（m³/s）	16 674	18 166	19 027	19 535
10 月平均下泄流量/（m³/s）	12 305	12 352	12 366	12 366
11 月平均下泄流量/（m³/s）	9 645	9 649	9 649	9 649
9 月下泄流量 10 000 m³/s 保证率/%	92.0	92.0	92.0	92.0
10 月下泄流量 8 000 m³/s 保证率/%	99.7	99.7	99.7	99.7

表 9.2　9 月底控制蓄水位 165 m 时 9 月上旬不同预蓄水位下泄流量对比表

项目	方案 5	方案 6	方案 7	方案 8
9 月上旬允许预蓄水位/m	150	155	158	160
9 月平均下泄流量/（m³/s）	17 752	17 649	17 622	17 613
其中：9 月中下旬平均下泄流量/（m³/s）	15 625	17 053	17 896	18 390
10 月平均下泄流量/（m³/s）	12 952	13 038	13 065	13 074
11 月平均下泄流量/（m³/s）	9 674	9 679	9 679	9 679
9 月下泄流量 10 000 m³/s 保证率/%	92.0	92.0	92.0	92.0
10 月下泄流量 8 000 m³/s 保证率/%	99.7	99.7	99.7	99.7

表 9.3　9 月底控制蓄水位 168 m 时 9 月上旬不同预蓄水位下泄流量对比表

项目	方案 9	方案 10	方案 11	方案 12
9 月上旬允许预蓄水位/m	150	155	158	160
9 月平均下泄流量/（m³/s）	17 015	16 835	16 790	16 780
其中：9 月中下旬平均下泄流量/（m³/s）	14 520	15 832	16 648	17 140
10 月平均下泄流量/（m³/s）	13 650	13 811	13 854	13 865
11 月平均下泄流量/（m³/s）	9 689	9 695	9 695	9 695
9 月下泄流量 10 000 m³/s 保证率/%	92.0	92.0	92.0	92.0
10 月下泄流量 8 000 m³/s 保证率/%	99.7	99.7	99.7	99.7

表 9.4　9 月底控制蓄水位 170 m 时 9 月上旬不同预蓄水位下泄流量对比表

项目	方案 13	方案 14	方案 15	方案 16
9 月上旬允许预蓄水位/m	150	155	158	160
9 月平均下泄流量/（m³/s）	16 562	16 322	16 260	16 240
其中：9 月中下旬平均下泄流量/（m³/s）	13 841	15 062	15 852	16 331
10 月平均下泄流量/（m³/s）	14 088	14 308	14 368	14 386
11 月平均下泄流量/（m³/s）	9 689	9 695	9 695	9 695
9 月下泄流量 10 000 m³/s 保证率/%	92.0	92.0	92.0	92.0
10 月下泄流量 8 000 m³/s 保证率/%	99.7	99.7	99.7	99.7

从表可以看出，在9月底控蓄水位一定的条件下，抬升三峡水库9月上旬允许预蓄水位，9月平均下泄流量会略有减少，但9月中下旬平均下泄流量有较大幅度的增加，10月平均下泄流量会略有增加，但下泄流量保证率保持不变，对11月下泄流量也基本没有影响。总体来说，在9月底控制蓄水位一定的条件下，抬升三峡水库9月上旬允许预蓄水位对中下游水文情势的影响不大，但可改善9月中下旬的供水保障能力。

2. 9月底不同控制蓄水位方案三峡水库下泄流量分析

为分析三峡水库9月底不同控制蓄水位方案对中下游水文情势的影响，在9月上旬允许预蓄水位150 m、155 m、158 m、160 m的条件下，分别对9月底控蓄水位162 m、165 m、168 m、170 m 4个方案三峡水库9月、9月中下旬、10月平均下泄流量进行对比，见图9.1～图9.3。

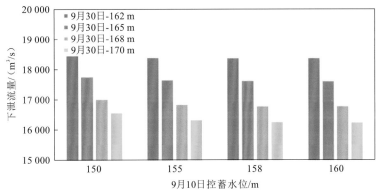

图9.1　不同蓄水方案三峡水库9月平均下泄流量对比图

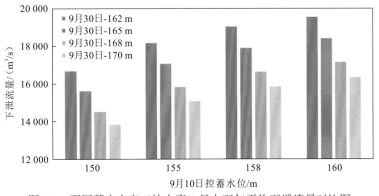

图9.2　不同蓄水方案三峡水库9月中下旬平均下泄流量对比图

由图9.1～图9.3分析表明，抬升三峡水库9月底控制蓄水位，9月平均下泄流量有一定程度的减少，10月平均下泄流量有一定程度的增加，但下泄流量保证率保持不变，对11月下泄流量也基本没有影响。因此，抬升三峡水库9月底控制蓄水位对中下游9～10月的水文情势有一定的影响，但影响幅度不大。

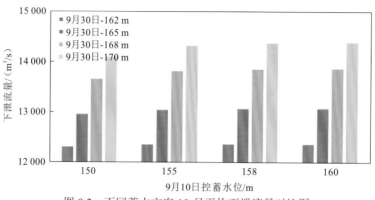

图 9.3　不同蓄水方案 10 月平均下泄流量对比图

3. 提前预蓄水位方案三峡水库下泄流量

为应对枯水年份，以三峡水库 9 月上旬控蓄水位 158 m 为例，分别对在 9 月底控制蓄水位 165 m、168 m 的条件下，三峡水库 9 月上旬及提前至 8 月下旬、8 月中旬开始预蓄方案下泄流量进行对比分析，见表 9.5 和表 9.6。

表 9.5　9 月底控制蓄水位 165 m 时不同上浮水位时间方案下泄流量对比表

项目	常规预蓄	提前预蓄-1	提前预蓄-2
开始上浮水位时间	9 月上旬	8 月下旬	8 月中旬
9 月平均下泄流量/（m³/s）	17 622	19 907	20 024
其中：9 月中下旬平均下泄流量/（m³/s）	17 896	18 065	18 106
10 月平均下泄流量/（m³/s）	13 065	13 117	13 143
11 月平均下泄流量/（m³/s）	9 679	9 746	9 746
8 月下泄流量 10 000 m³/s 保证率/%	97.9	97.9	97.9
9 月下泄流量 10 000 m³/s 保证率/%	92.0	92.0	92.0
10 月下泄流量 8 000 m³/s 保证率/%	99.7	99.7	99.7

表 9.6　9 月底控制蓄水位 168 m 时不同上浮水位时间方案下泄流量对比表

项目	常规预蓄	提前预蓄-1	提前预蓄-2
开始上浮水位时间	9 月上旬	8 月下旬	8 月中旬
9 月平均下泄流量/（m³/s）	16 790	19 051	19 146
其中：9 月中下旬平均下泄流量/（m³/s）	16 648	16 780	16 790
10 月平均下泄流量/（m³/s）	13 854	13 929	13 974
11 月平均下泄流量/（m³/s）	9 695	9 764	9 764
8 月下泄流量 10 000 m³/s 保证率/%	97.9	97.9	97.9
9 月下泄流量 10 000 m³/s 保证率/%	92.0	92.0	92.0
10 月下泄流量 8 000 m³/s 保证率/%	99.7	99.7	99.7

从表 9.5 和表 9.6 可以看出，在 9 月底控制蓄水位为 165 m、168 m 时，若三峡水库开始预蓄的时间从 9 月上旬提前 1～2 旬，9 月平均下泄流量可增加 2 285～2 402 m³/s、2 261～2 356 m³/s 左右（其中 9 月中下旬平均下泄流量可增加 169～210 m³/s、132～142 m³/s），但对 10～11 月平均下泄流量、8～9 月下泄流量 10 000 m³/s 保证率和 10 月下泄流量 8 000 m³/s 保证率均基本没有影响。因此，将三峡水库预蓄水位的时间适当提前，可以增加 9 月尤其是 9 月上旬的下泄流量，对中下游 9 月的水文情势产生有利影响。

9.2.2　不同下泄流量敏感性分析

三峡水库试验蓄水以来，两湖对三峡水库的蓄水调度提出了较高要求，希望三峡水库蓄水期间减少下泄流量的过程尽可能平缓，遇下游枯水时要加大泄量。以下结合表 9.7 中所列的三峡水库蓄水方案，分别设置不同时段最小下泄流量分析方案（表 9.8），进行蓄水期 8～10 月最小下泄流量敏感性分析。经长系列径流调节计算，各方案三峡水库下泄流量对比见表 9.9～表 9.16。从表可以看出，各蓄水方案虽然月平均下泄流量有所不同，但各月不同下泄流量的保证率差别不大。

表 9.7　三峡水库蓄水方案表

蓄水方案	三峡水库 9 月 10 日水位/m	三峡水库 9 月 30 日水位/m	开始预蓄时间
方案 1	155	165	9 月上旬
方案 2	158		
方案 3	158		8 月下旬
方案 4			8 月中旬
方案 5	155	168	9 月上旬
方案 6	158		
方案 7	158		8 月下旬
方案 8			8 月中旬

表 9.8　最小下泄流量分析方案表　　　　（单位：m³/s）

蓄水期	最小下泄流量方案		
	方案 1	方案 2	方案 3
8 月	10 000	15 000	18 000
9 月	10 000	12 000	12 000
10 月	8 000	10 000	10 000

表 9.9　蓄水方案 1 不同最小下泄流量方案水库下泄流量对比表

项目	方案 1-1	方案 1-2	方案 1-3
9 月上旬允许上浮水位/m		155	
9 月底控制蓄水位/m		165	
开始预蓄时间		9 月上旬	

项目	方案 1-1	方案 1-2	方案 1-3
8 月最小下泄流量/（m³/s）	10 000	15 000	18 000
9 月最小下泄流量/（m³/s）	10 000	12 000	12 000
10 月最小下泄流量/（m³/s）	8 000	10 000	10 000
9 月平均下泄流量/（m³/s）	17 649	17 841	17 841
其中：9 月中下旬平均下泄流量/（m³/s）	17 053	17 193	17 193
10 月平均下泄流量/（m³/s）	13 038	13 286	13 286
11 月平均下泄流量/（m³/s）	9 679	9 447	9 447
8 月下泄流量保证率/%	97.9	87.0	73.0
9 月下泄流量保证率/%	92.0	86.3	86.3
10 月下泄流量保证率/%	99.7	94.9	94.9

表 9.10　蓄水方案 2 不同最小下泄流量方案水库下泄流量对比表

项目	方案 2-1	方案 2-2	方案 2-3
9 月上旬允许上浮水位/m		158	
9 月底控制蓄水位/m		165	
开始预蓄时间		9 月上旬	
8 月最小下泄流量/（m³/s）	10 000	15 000	18 000
9 月最小下泄流量/（m³/s）	10 000	12 000	12 000
10 月最小下泄流量/（m³/s）	8 000	10 000	10 000
9 月平均下泄流量/（m³/s）	17 622	17 803	17 803
其中：9 月中下旬平均下泄流量/（m³/s）	17 896	17 912	17 912
10 月平均下泄流量/（m³/s）	13 065	13 322	13 322
11 月平均下泄流量/（m³/s）	9 679	9 447	9 447
8 月下泄流量保证率/%	97.9	87.0	73.0
9 月下泄流量保证率/%	92.0	86.3	86.3
10 月下泄流量保证率/%	99.7	94.9	94.9

表 9.11　蓄水方案 3 不同最小下泄流量方案水库下泄流量对比表

项目	方案 3-1	方案 3-2	方案 3-3
9 月上旬允许上浮水位/m		158	
9 月底控制蓄水位/m		165	
开始预蓄时间		8 月下旬	
8 月最小下泄流量/（m³/s）	10 000	15 000	18 000
9 月最小下泄流量/（m³/s）	10 000	12 000	12 000

续表

项目	方案 3-1	方案 3-2	方案 3-3
10 月最小下泄流量/（m³/s）	8 000	10 000	10 000
9 月平均下泄流量/（m³/s）	19 907	19 654	19 397
其中：9 月中下旬平均下泄流量/（m³/s）	18 065	18 095	18 062
10 月平均下泄流量/（m³/s）	13 117	13 340	13 326
11 月平均下泄流量/（m³/s）	9 746	9 484	9 451
8 月下泄流量保证率/%	97.9	87.0	73.0
9 月下泄流量保证率/%	92.0	86.3	86.3
10 月下泄流量保证率/%	99.7	94.9	94.9

表 9.12　蓄水方案 4 不同最小下泄流量方案水库下泄流量对比表

项目	方案 4-1	方案 4-2	方案 4-3
9 月上旬允许上浮水位/m		158	
9 月底控制蓄水位/m		165	
开始预蓄时间		8 月中旬	
8 月最小下泄流量/（m³/s）	10 000	15 000	18 000
9 月最小下泄流量/（m³/s）	10 000	12 000	12 000
10 月最小下泄流量/（m³/s）	8 000	10 000	10 000
9 月平均下泄流量/（m³/s）	20 024	19 974	19 792
其中：9 月中下旬平均下泄流量/（m³/s）	18 106	18 189	18 169
10 月平均下泄流量/（m³/s）	13 143	13 340	13 339
11 月平均下泄流量/（m³/s）	9 746	9518	9 478
8 月下泄流量保证率/%	97.9	87.0	73.0
9 月下泄流量保证率/%	92.0	86.3	86.3
10 月下泄流量保证率/%	99.7	94.9	94.9

表 9.13　蓄水方案 5 不同最小下泄流量方案水库下泄流量对比表

项目	方案 5-1	方案 5-2	方案 5-3
9 月上旬允许上浮水位/m		155	
9 月底控制蓄水位/m		168	
开始预蓄时间		9 月上旬	
8 月最小下泄流量/（m³/s）	10 000	15 000	18 000
9 月最小下泄流量/（m³/s）	10 000	12 000	12 000
10 月最小下泄流量/（m³/s）	8 000	10 000	10 000
9 月平均下泄流量/（m³/s）	16 835	17 109	17 109

项目	方案 5-1	方案 5-2	方案 5-3
其中：9 月中下旬平均下泄流量/（m³/s）	15 832	16 095	16 095
10 月平均下泄流量/（m³/s）	13 811	13 950	13 950
11 月平均下泄流量/（m³/s）	9 695	9 472	9 472
8 月下泄流量保证率/%	97.9	87.0	73.0
9 月下泄流量保证率/%	92.0	86.3	86.3
10 月下泄流量保证率/%	99.7	94.9	94.9

表 9.14　蓄水方案 6 不同最小下泄流量方案水库下泄流量对比表

项目	方案 6-1	方案 6-2	方案 6-3
9 月上旬允许上浮水位/m		158	
9 月底控制蓄水位/m		168	
开始预蓄时间		9 月上旬	
8 月最小下泄流量/（m³/s）	10 000	15 000	18 000
9 月最小下泄流量/（m³/s）	10 000	12 000	12 000
10 月最小下泄流量/（m³/s）	8 000	10 000	10 000
9 月平均下泄流量/（m³/s）	16 790	17 065	17 065
其中：9 月中下旬平均下泄流量/（m³/s）	16 648	16 805	16 805
10 月平均下泄流量/（m³/s）	13 854	13 992	13 992
11 月平均下泄流量/（m³/s）	9 695	9 472	9 472
8 月下泄流量保证率/%	97.9	87.0	73.0
9 月下泄流量保证率/%	92.0	86.3	86.3
10 月下泄流量保证率/%	99.7	94.9	94.9

表 9.15　蓄水方案 7 不同最小下泄流量方案水库下泄流量对比表

项目	方案 7-1	方案 7-2	方案 7-3
9 月上旬允许上浮水位/m		158	
9 月底控制蓄水位/m		168	
开始预蓄时间		8 月下旬	
8 月最小下泄流量/（m³/s）	10 000	15 000	18 000
9 月最小下泄流量/（m³/s）	10 000	12 000	12 000
10 月最小下泄流量/（m³/s）	8 000	10 000	10 000
9 月平均下泄流量/（m³/s）	19 051	18 869	18 615
其中：9 月中下旬平均下泄流量/（m³/s）	16 780	16 918	16 889
10 月平均下泄流量/（m³/s）	13 929	14 040	14 025

项目	方案 7-1	方案 7-2	方案 7-3
11 月平均下泄流量/（m³/s）	9 764	9 522	9 488
8 月下泄流量保证率/%	97.9	87.0	73.0
9 月下泄流量保证率/%	92.0	86.3	86.3
10 月下泄流量保证率/%	99.7	94.9	94.9

表 9.16　蓄水方案 8 不同最小下泄流量方案水库下泄流量对比表

项目	方案 8-1	方案 8-2	方案 8-3
9 月上旬允许上浮水位/m		158	
9 月底控制蓄水位/m		168	
开始预蓄时间		8 月中旬	
8 月最小下泄流量/（m³/s）	10 000	15 000	18 000
9 月最小下泄流量/（m³/s）	10 000	12 000	12 000
10 月最小下泄流量/（m³/s）	8 000	10 000	10 000
9 月平均下泄流量/（m³/s）	19 146	19 180	18 998
其中：9 月中下旬平均下泄流量/（m³/s）	16 790	16 999	16 979
10 月平均下泄流量/（m³/s）	13 974	14 049	14 047
11 月平均下泄流量/（m³/s）	9 764	9 557	9 516
8 月下泄流量保证率/%	97.9	87.0	73.0
9 月下泄流量保证率/%	92.0	86.3	86.3
10 月下泄流量保证率/%	99.7	94.9	94.9

9.3　三峡水库蓄水控制策略

9.3.1　水库调度图优化策略

　　面对并不乐观的上下游"争水"现象及蓄供水矛盾，为进一步满足下游各用水部门的合理需求，保障下游用水权益，减轻水库蓄水对下游供水的不利影响，仍需研究面向保障供水的水库蓄水调度方式，探索加大供水潜力。重点解决在来水相对偏丰情况下，如何避免水库蓄水过快，适当加大下泄流量，进一步减小对下游供水的不利影响。

　　水库调度图是以时间为横坐标、以水库水位或蓄水量为纵坐标的控制曲线图，由一组控制水库蓄水量和供水量（或电站发电出力）的指示线，划分出不同的供水区（或供电区），以指导水库长期调节运用。

　　本书结合相关研究成果和调度实践，绘制出面向下游供水的三峡水库蓄水阶段辅助调度线，用以判定来水情势和蓄水进度，为实际蓄水运用决策提供指示，具体做法如下。

（1）划分三峡水库蓄水时段，订立蓄水目标。根据目前的研究成果及实践，三峡水库蓄水期暂按 9 月 1 日起至 11 月 20 日止，可大致分为三个阶段：9 月 1 日～9 月 10 日为第一阶段，即预蓄阶段，蓄水位可按不超过 155 m 控制；9 月 11 日～9 月 30 日为第二阶段，蓄水位可按不超过 165 m 控制；10 月 1 日～11 月 20 日为第三阶段，蓄水目标为 175 m。第二阶段和第三阶段为正式蓄水阶段。

（2）选择合适的来水频率。由于三峡水库是综合利用水库，水库蓄满率是满足枯水期各类用水需求的重要指标。三峡水库蓄满率一般均维持在 90% 以上，考虑到三峡枢纽工程在航运、发电、供水等方面的重要性，以来水频率 90% 为判定条件，来水频率小于 90% 年份，水库有能力在现有基础上增大下泄流量。

（3）绘制调度线。调度线 A（下调度线）：类似于防破坏线，用于判断来水丰枯。可按蓄水期间来水某一频率（略低于 90%）的水量，分为不同的典型年，按既有蓄水方式模拟计算蓄水过程，取各年蓄水过程的外包线即得到"调度线 A"。当水库蓄水过程线高于此线时，可以认为来水相对偏丰，说明水库在保证蓄满情况下可适当加大下泄流量。经长系列径流调节验证，若下泄流量按增大 30% 考虑，添加调度线 A 后，部分年份水库蓄满时间略有推迟，但均能在 11 月 20 日前蓄满，该调度方式对三峡水库蓄满率没有影响，风险可控。

调度线 B（上调度线）：类似于防弃水线，主要作用是避免水库蓄水过快，过早逼近水位上限，造成高水位弃水。调度线 B 可采用"库水位均匀上升"的方式作为控制条件，分阶段控制水位上升进程。如在第二阶段，可按 9 月 10 日的 155 m 与 9 月 30 日的 165 m 的连线作为 9 月水位上限；将 9 月 30 日的 165 m 与 11 月 20 日零时的 175 m 的连线作为 10 月水位上限。调度线 A 和调度线 B 的绘制参见图 9.4。

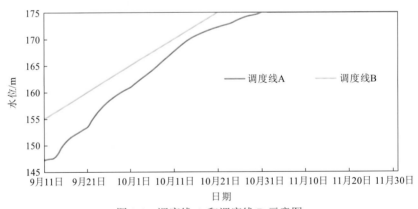

图 9.4 调度线 A 和调度线 B 示意图

（4）当库水位低于调度线 A 时，水库应按既定的最小下泄流量要求蓄水；当库水位介于调度线 A 和调度线 B 之间时，可按"加大下泄"方式调度。

（5）由于对蓄水进程的偏好不同及某些年份来水的特殊性，绘制的调度线可能会出现倒错现象（即调度线 B 低于调度线 A），需调整后使用。在蓄水初期出现调度线 B 低于调度线 A 的情况，应优先满足调度线 A 的调度要求，即允许临时突破限制水位，优先考虑蓄水要求；而在蓄水中后期，如果出现调度线 B 略低于调度线 A 的情况，那么应优先考虑加大下泄流量。

9.3.2　优化效果

以 1981 年和 1995 年蓄水过程为例（图 9.5～图 9.8），蓄水期三峡水库入库水量（经上游水库调蓄）来水频率在 70%左右，如果蓄水时仅按最小下泄流量要求拦蓄，则三峡水库分别在 9 月 18 日和 9 月 25 日蓄水至 165 m，在 10 月 11 日和 10 月 9 日蓄水至 175 m，蓄水进度偏快，三峡水库下泄流量变化剧烈且无明显递减趋势。相对而言，在增设调度线A 和调度线 B 后，1981 年和 1995 年蓄水进度明显放缓，下泄流量变化程度也较缓，流量逐步减小趋势明显，与来水衰退特性基本一致。

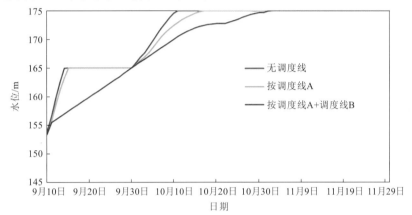

图 9.5　1981 年三峡水库蓄水期水位过程

图 9.6　1981 年三峡水库蓄水期下泄流量过程

按增设的调度线蓄水，各年蓄水过程线趋于集中，来水偏丰年份靠近枯水年蓄水过程，在保证原有蓄满率的前提下，尽可能均匀地拦蓄水量，兼顾了蓄水和下游供水要求。但相对于之前的调度方式，由于三峡水库下游区间来水的不确定性，其是否能有效减小对下游供水的不利影响并不能一概而论。

因此，在实际调度时，还需结合下游用水需求情况，灵活掌握三峡水库下泄流量和拦蓄时机，才能更有效地减小蓄水对下游供水造成的不利影响。此外，蓄水过程中应密切关注上游来水情况，尤其是 10 月，需高度重视坝前水位偏高对库区淹没可能造成的不利影响，及时调整蓄水位。

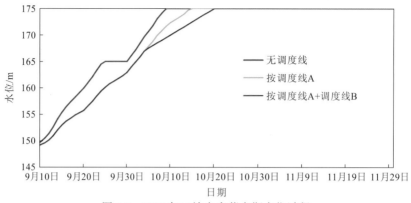

图 9.7　1995 年三峡水库蓄水期水位过程

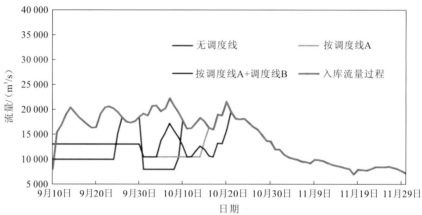

图 9.8　1995 年三峡水库蓄水期下泄流量过程

第10章

长江干流水位对蓄水期上游水库群联合调度的响应规律

本章根据长江干流各控制站实测断面和流量成果资料，分析三峡水库建库前后长江干流宜昌站、沙市站、螺山站、汉口站、大通站等控制站断面形态及中低水位-流量关系变化特征；基于 DHI Mike11 模型构建了长江中下游宜昌至大通段的一维水动力学模型，定量评估水库群不同蓄水调度方案对干流水文情势的实际影响，为减轻水库群蓄水对长江中下游生产、生活、生态等用水的影响提供可靠的技术支撑。

10.1　河道变化情况

10.1.1　河道概况

长江中下游河道流经广阔的冲积平原，沿程各河段水文泥沙条件和河床边界条件不同，形成的河型也不同。从总体上看，中下游的河型可分为顺直型、弯曲型、分汊型三大类。依据本书研究范围内地理环境及河道特性，可将长江中下游干流河道划分为 4 大段，即宜昌至枝城段、枝城至城陵矶段、城陵矶至湖口段、湖口至大通段。

1. 宜昌至枝城段

宜昌至枝城段从湖北省宜昌至枝城，全长 60.8 km，流经湖北省宜昌、枝城、枝江等地。该段一岸或两岸为高滩与阶地，并傍低山丘陵，河道属于顺直微弯河型，受两岸低山丘陵的制约，整个河段的走向为西北—东南向。

2. 枝城至城陵矶段

枝城至城陵矶段，也称荆江河段，全长 347.2 km。荆江河段贯穿于江汉平原与洞庭湖平原之间，流经湖北省的枝江、松滋、江陵、沙市、公安、石首、监利及湖南省的华容、岳阳等地。两岸河网纵横，湖泊密布，土地肥沃、气候温和，是我国著名的粮棉产地。荆江河段两岸的松滋口、太平口、藕池口和调弦口（调弦口已于 1959 年封堵）分泄水流入洞庭湖。洞庭湖接纳三口分流和湘、资、沅、澧四水后于城陵矶汇入长江。荆江河段按河型的不同，以藕池口为界分为上下荆江，上荆江为微弯分汊型河道，下荆江为典型的蜿蜒型河段。

3. 城陵矶至湖口段

本段分为城陵矶至武汉段和武汉至湖口段两段。

城陵矶至武汉段上起城陵矶，下迄武汉市新洲区阳逻镇，全长 275 km，流经湖南省岳阳、临湘和湖北省监利、洪湖、赤壁、嘉鱼、咸宁、武汉等地，武汉龟山以下有汉江入汇。受地质构造的影响，河道走向为北东向。左岸属江岸凹陷，右岸属江南古陆和下扬子台凹，两岸湖泊和河网水系交织。本河段属藕节状分汊河型。

武汉至湖口段上起新洲区阳逻镇，下迄鄱阳湖口，全长 272 km，流经湖北省新洲、黄冈、鄂州、浠水、黄石、阳新、武穴、黄梅和江西省瑞昌、九江、湖口及安徽省宿松等地。本段河谷较窄，走向东南，部分山丘直接临江，构成对河道较强的控制。本段两岸湖泊支流较多，河道总体河型为两岸边界条件限制较强的藕节状分汊河型。

4. 湖口至大通段

湖口至大通段上起湖口，下迄大通羊山矶，全长 228 km，流经江西省的湖口、彭泽和安徽省的宿松、望江、东至、怀宁、安庆、枞阳、池州、铜陵等地。起点湖口为鄱阳湖水系入汇处。本段河谷多受断裂控制并偏于右岸，河道流向东北。右岸阶地较狭窄，左岸阶地和河漫滩宽阔,河谷两岸明显不对称。本段河道属藕节状分汊河型。

宜昌河段河底高程约 20 m,宜昌以下水面比降很小,宜昌—城陵矶段约为 0.04‰~ 0.05‰,城陵矶—九江段约为 0.02‰,九江以下约为 0.015‰。

10.1.2　中下游干流主要控制断面变化

采用长江中下游干流宜昌站、枝城站、沙市站、螺山站、汉口站等控制站 2003~2015 年实测断面资料,对比分析三峡水库建库后各站断面面积变化如图 10.1 所示,可以得到以下结论。

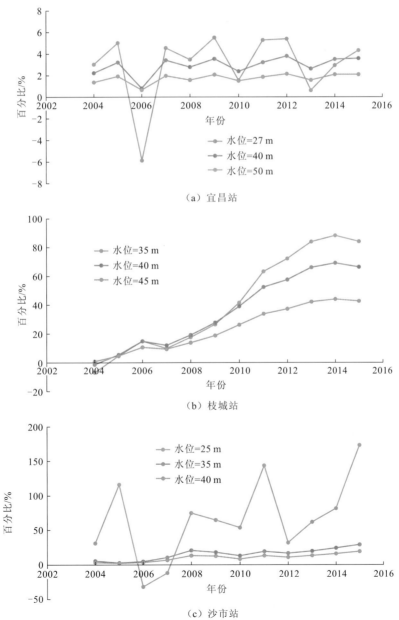

（a）宜昌站

（b）枝城站

（c）沙市站

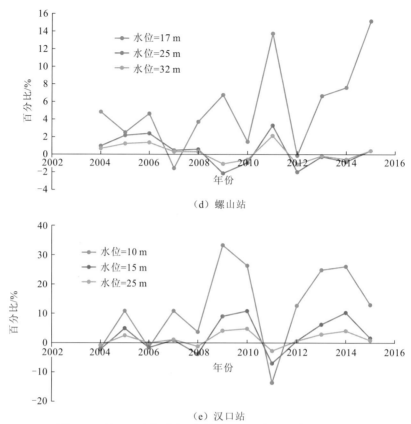

（d）螺山站

（e）汉口站

图 10.1　长江干流各站断面面积与 2003 年面积变化百分比

（1）随着水位的升高，宜昌站 2003～2015 年断面年际之间变化逐渐变小，总体而言，各级水位对应断面面积没有发生趋势性的变化。

（2）枝城站大断面总体呈逐年冲刷，各级水位对应断面面积逐渐增大。

（3）沙市站断面年际间变化冲淤互现，断面的深槽继续呈现冲刷，水位 23～26 m 右岸水下边滩出现淤积。

（4）螺山站断面年际间变化不大，基本保持稳定。

（5）汉口站断面变化表现为冲槽淤滩和冲滩淤槽两种形式相互交错出现，一般发生在主槽及左岸的滩地，但总体断面面积逐渐增大。

10.1.3　中低水位-流量关系变化

采用长江干流宜昌站、沙市站、枝城站、螺山站、汉口站、大通站等控制站实测断面和流量成果资料，分析三峡水库建库前后各站中低水位-流量关系变化特征，如图 10.2 所示。

从水位-流量关系上看：三峡水库蓄水以来，长江中下游主要水文站除大通站外，各站低水部分水位-流量与历年线相比点据均略向右偏；大通站断面冲淤则变化较小，低水部分水位-流量关系变化较稳定，无明显变化。

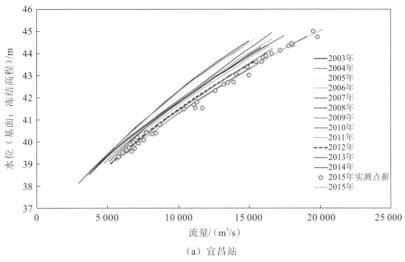

（a）宜昌站

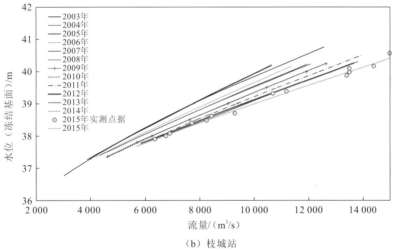

（b）枝城站

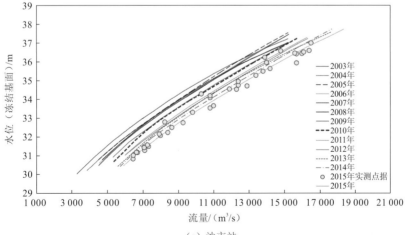

（c）沙市站

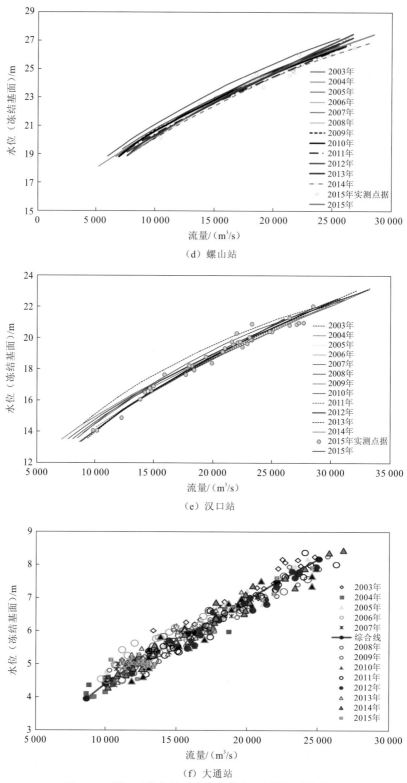

（d）螺山站

（e）汉口站

（f）大通站

图 10.2　长江干流各站低水部分水位-流量关系曲线图

10.2　长江中下游一维水力学模型构建与应用

10.2.1　模型构建

本书采用 DHI Mike11 软件,将长江宜昌至大通段的主要干支流水系概化为一维河网,利用长江中下游干支流河道断面数据及主要控制站 2003~2015 年实测水位、流量资料,建立长江中下游流量演算模型,评估三峡水库蓄水对长江中下游水位的影响。

1. DHI Mike11 模型简介

DHI Mike 系列软件是一款在水资源研究领域广泛应用的软件平台,功能横跨水动力、水环境、生态系统、水资源管理、城市供水除涝等学科。其中,DHI Mike 11 是动态模拟河流、水道水力和水环境的国际标准软件,主要包含了水动力学模块(HD)、降雨径流模块(RR)、对流扩散模块(AD)、水质模块(WQ)、泥沙输运模块(ST)等功能模块。

建模主要利用 DHI Mike11 软件的 HD 模块和 RR 模块中的 NAM 模型。HD 模块基于全解圣维南方程组的 Abbott-Ionescu 6 点中心隐格式有限差分模型进行完全水动力学模拟计算。利用 HD 模块完成宜昌—枝城—沙市—螺山—汉口—九江—大通河道流量演算,添加洞庭湖区三口、四水河网及鄱阳湖五河河网,模拟两湖湖区和长江干流的水量交换过程。NAM 模型是一个确定性的概念性集总模型,由一系列用简单定量形式描述水文循环中各种陆相特征的连续模拟模型组成。利用 NAM 模型完成长江中下游从宜昌至大通段 22 个子流域降雨产流的计算。

2. 模型设置

1）河网概化

长江干流宜昌至大通段,支流包括清江、湘江、资江、沅江、澧水、洞庭湖、汉江、鄱阳湖、饶河、信江、抚河、赣江、修水、昌江等一级支流,三口松滋河、虎渡河、藕池河等分流口及其二级支流,河网概化示意图见图 10.3。对缺少断面资料的沮漳河、陆水、漻水、倒水、举水、巴水、浠水、蕲水,将其控制站流量按照面积比计算到流域出口,并将其作为模型的入汇点源。对于其他缺少断面及水文站点的流域,利用 RR 模块进行产汇流计算。

2）断面数据与边界条件

宜昌站至大通站干流河道长 1 095 km,采用 2012 年的实测河道断面资料,一共设置了 744 个断面,断面平均间距为 2 km。支流作为点源汇入,最少的断面设置不低于 3 个。

根据河网概化结果,模型边界一共有 25 个,其中宜昌站为上边界,大通站为下边界,区间有洞庭四水、鄱阳湖五河、清江、汉江、鄂东等 23 个控制站作为区间点源入流。

利用宜昌至大通段流域范围内 22 个子流域各个气象站点的 2003 年 1 月 1 日~2015 年 12 月 31 日逐日雨量资料,以及同时段逐月潜在蒸散发时间序列作为输入资料,驱动 RR 模块中降雨产流模型 NAM 模拟子流域内的降雨径流过程,作为旁侧入流进入到模型的河网中。

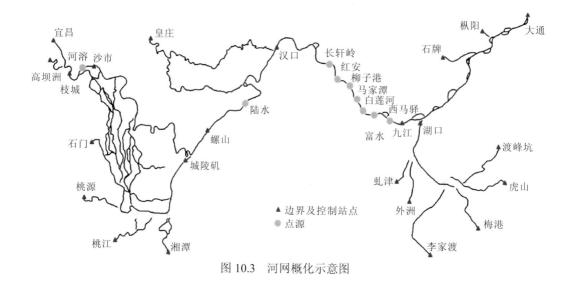

图 10.3　河网概化示意图

3）参数率定

根据各河段的河道形态及水位-流量实测资料，针对不同水位分三段对糙率进行率定，例如，对于宜昌站，水位低于 40 m 时曼宁系数 n 为 0.028，在 40~49 m 时曼宁系数 n 为 0.025，高于 49 m 时曼宁系数 n 为 0.020，其他河段类似。

3. 模型精度评价

为量化评估模型模拟精度，本次采用纳什效率系数 E_{NS} 和相对误差（R_E）两个指标评价流量过程模拟精度。

（1）纳什效率系数 E_{NS}。用以衡量模拟流量过程和实测流量过程间的拟合度，E_{NS} 值越接近于 1，模拟流量越接近实测流量，公式为

$$E_{NS} = 1 - \frac{\sum_{i=1}^{n}(Q_{pi} - Q_{oi})^2}{\sum_{i=1}^{n}(Q_{oi} - \overline{Q}_o)^2} \qquad (10.1)$$

式中：Q_o 为实测流量；Q_p 为模拟流量；$\overline{Q}_0$ 为实测平均流量；n 为实测个数。

（2）相对误差 R_E。用以评价模拟流量和实测流量的差值与实测流量之间的百分比，更能反映模拟的可信程度，公式为

$$R_E = \frac{\sum_{i=1}^{n}(Q_{pi} - Q_{oi}) \times 100}{\sum_{i=1}^{n} Q_{oi}} \qquad (10.2)$$

参考国际通用的模型精度评价等级标准（表 10.1），定量评价模型的模拟精度。

表 10.1　模型模拟效果评价指标等级

等级	E_{NS}	R_E /%
优秀	$0.75 < E_{NS} \leq 1.00$	$|R_E| < 10$
良好	$0.65 < E_{NS} \leq 0.75$	$10 \leq |R_E| < 15$
合格	$0.50 < E_{NS} \leq 0.65$	$15 \leq |R_E| < 25$
不合格	$E_{NS} \leq 0.50$	$|R_E| \geq 25$

10.2.2　计算结果验证

选取 2003～2007 年作为模型参数率定期，2008～2015 年作为模型参数的验证期。根据率定期选择的参数，模拟 2008～2015 年干流及两湖出口各个站点的 8～11 月流量过程，并与实测流量进行对比。干流及两湖各站的 E_{NS} 和 R_E 统计结果见表 10.2。可以看出，各站 E_{NS} 均在 0.91 以上，R_E 均在 0.1% 之内，拟合程度较好。根据模型模拟效果评价指标等级，所有站点 E_{NS} 和 R_E 都达到优秀级别。

表 10.2　各站拟合程度检验

项目	枝城站	沙市站	螺山站	汉口站	九江站	大通站	城陵矶站	湖口站
E_{NS}	0.99	0.99	0.99	0.98	0.97	0.95	0.95	0.91
R_E/%	0.00	0.00	0.00	0.02	0.03	0.05	0.05	0.09

10.3　长江干流水位-流量变化情况

10.3.1　流量还原方法

三峡坝址以上流域的水电站水库分属不同管理部门，资料收集及还原难度较大，但考虑到这些水库的控制流域面积、调节能力与三峡坝址流域面积、坝址径流相比较小，且本章研究的是三峡水库蓄水对坝下游水文情势的影响，故宜昌站流量还原时尚未考虑上游梯级水库的影响，仅考虑了三峡水库的运行影响。

采用三峡水库 2003 年 1 月 1 日～2015 年 12 月 31 日的实际调度运行资料，根据三峡水库坝前水位、水库库容曲线及出库流量，采用水量平衡法反推入库流量。公式如下：

$$\bar{I} = \bar{O} + \frac{\Delta V_{Lost} + \Delta V}{\Delta t} \tag{10.3}$$

式中：$\bar{I}$ 为时段平均入库流量；$\bar{O}$ 为时段平均出库流量，由发电流量、空转流量、船闸过水流量和闸门弃水流量相加得到出库流量，也可用宜昌站实测流量代替；ΔV_{Lost} 为水库损失水量，包括水库的水面蒸发、库区渗漏损失等；ΔV 为时段始末水库蓄水量变化值；Δt 为计算时段。

采用马斯京根法将入库流量过程由清溪场站演算到宜昌站，得到宜昌站天然流量过程。演算公式分别为

$$Q_{万_{t+18}} = 0.187 \times Q_{清_{t+18}} + 0.430 \times Q_{清_t} + 0.383 \times Q_{万_t} \tag{10.4}$$

$$Q_{三_{t+18}} = 0.325 \times Q_{万_{t+18}} + 0.325 \times Q_{万_t} + 0.350 \times Q_{三_t} \tag{10.5}$$

式中：$Q_{万_t}$ 为某时刻万县站流量；$Q_{万_{t+18}}$ 为某时刻 18 h 后万县站流量；$Q_{清_t}$ 为某时刻清溪场站流量；$Q_{清_{t+18}}$ 为某时刻 18 h 后清溪场站流量；$Q_{三_t}$ 为某时刻三峡坝址（宜昌站）流量；$Q_{三_{t+18}}$ 为某时刻 18 h 后三峡坝址（宜昌站）流量。

10.3.2　基于流量还原方法的长江干流水位–流量变化情况

将宜昌站 2008～2015 年的实测流量过程及还原后的天然流量过程分别作为上游边界条件，模拟干流枝城站、沙市站、螺山站、汉口站、九江站、大通站等站，以及洞庭湖、鄱阳湖各控制站水位流量过程。为消除模型的系统误差，计算的各站水位（流量）变化为模型两次模拟结果的差值。根据模拟结果，统计三峡水库蓄水期（9～11 月）还原前后的各站点的旬平均流量、旬平均水位的特征值，分析三峡水库实际调度实践对长江中下游干流及两湖控制站的水文情势影响。

1. 旬平均流量变化

分别统计各站点 9～11 月实测和还原多年旬平均流量变化情况如图 10.4 所示。由图可以看出，受三峡工程调蓄影响，蓄水期下游各站旬平均流量均有一定的减少。从时间上来说：9 月和 10 月各站流量变化幅度较 11 月要大；沿程流量变化中，除大通站以外各站 10 月上旬流量变化幅度最大，多年旬平均流量减少幅度在 3 780～4 580 m³/s；大通站 10 月中旬流量变化幅度最大，多年旬平均流量减少 4 050 m³/s。

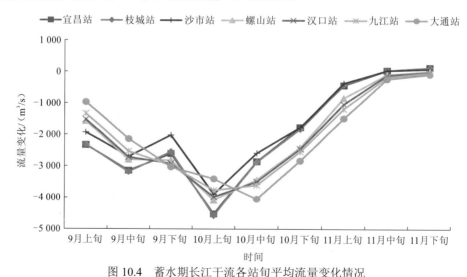

图 10.4　蓄水期长江干流各站旬平均流量变化情况

2. 旬平均水位变化

分别统计各站点 9～11 月实测和还原多年旬平均水位变化情况如图 10.5 所示，由图可以看出：蓄水期下游各站月平均水位同样有一定的下降。9 月和 10 月各站水位变化幅度较 11 月大，沿程水位变化中，除大通站、九江站、八里江站以外各站 10 月上旬水位变化幅度最大，多年旬平均水位下降幅度在 1.15～1.78 m；九江站、八里江站及大通站 10 月中旬水位变化幅度最大，多年旬平均水位分别下降 1.35 m、1.11 m 及 0.95 m。

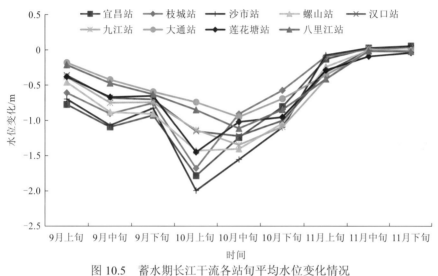

图 10.5　蓄水期长江干流各站旬平均水位变化情况

10.4　不同蓄水方案对中下游水位的影响

10.4.1　三峡水库不同蓄水方案对中下游水位的影响

根据宜昌站 2008～2015 年研究时段的天然流量过程，分别按照三峡水库初设阶段提出的调度方案《三峡水库初设调度方案》（以下简称《初设调度方案》）、《三峡水库优化调度方案》（以下简称《优化调度方案》）及《三峡（正常运行期）—葛洲坝水利枢纽梯级调度规程》（以下简称《规程调度方案》）三种方案，对三峡水库进行蓄水模拟调度，得到不同方案下的宜昌站流量过程。将宜昌站的天然流量过程和三个方案调蓄影响后的流量过程分别作为一维水动力学演算模型的上边界条件输入，固化其他边界条件，分别模拟长江干流各主要控制站的水位过程。通过与干流实测水文过程对比，分析各蓄水方案和实际调度实践对长江干流水位的旬平均水位（流量）影响程度。

1. 不同方案对平均水位的影响

不同调度方案对长江干流各站 2008～2015 年蓄水期旬平均水位影响如图 10.6 所示。

由图可以看出，总体而言，实际调度实践对水位影响要小于其他几种调度方案，使干流各站蓄水期旬平均水位下降 0.45～0.75 m，《规程调度方案》、《优化调度方案》和《初设调度方案》分别使干流各站蓄水期旬平均水位下降 0.68～1.30 m、0.72～1.41 m 和 0.95～2.18 m。

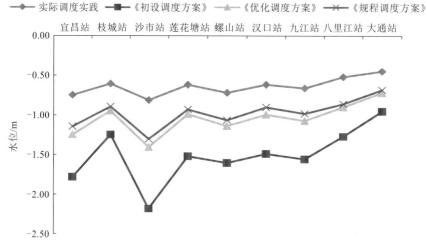

图 10.6　不同调度方案对长江干流各站 2008～2015 年蓄水期旬平均水位影响图

2. 不同方案对平均流量的影响

不同调度方案对长江干流各站 2008～2015 年蓄水期旬平均流量影响如图 10.7 所示。由图可以看出，实际调度实践对流量影响同样要小于其他几种调度方案，使干流各站蓄水期旬平均流量减少 1 700～2 060 m³/s，《规程调度方案》、《优化调度方案》和《初设调度方案》则分别使干流各站蓄水期旬平均流量减少 2 600～3 080 m³/s、2 730～3 220 m³/s 和 3 550～3 950 m³/s。

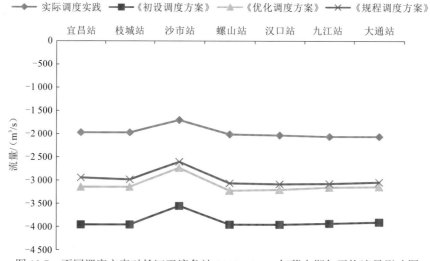

图 10.7　不同调度方案对长江干流各站 2008～2015 年蓄水期旬平均流量影响图

10.4.2　溪洛渡、向家坝、三峡水库联合蓄水对中下游水位的影响

在分析三峡水库蓄水对长江中下游干流重要控制站影响的基础上，选取溪洛渡、向家坝水库正常蓄水时期（2014～2015 年）作为分析时段，综合分析溪洛渡、向家坝、三峡三库联合蓄水对中下游干流水位的影响，分析步骤示意图如图 10.8 所示。首先将考虑溪洛渡、向家坝水库调度还原的三峡水库天然入库流量过程演算至枝城站，与入库点—枝城区间流量叠加，得到宜昌站考虑溪洛渡、向家坝、三峡三库运行影响的还原流量过程，并以此作为模型上边界演算得到下游各个站点的还原流量过程。将各站考虑三库联合蓄水的还原水位（流量）与实测水位（流量）进行比较，以此分析三库联合蓄水对中下游水位（流量）的影响，进一步与仅考虑三峡水库蓄水天然水位（流量）进行比较，分析得到溪洛渡、向家坝水库蓄水对中下游水位（流量）的影响。

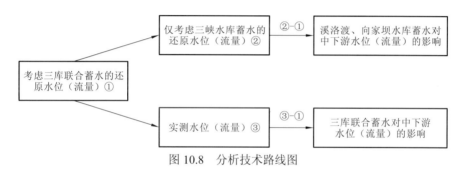

图 10.8　分析技术路线图

1. 不同方案对平均水位的影响

根据现行调度方式，溪洛渡、向家坝水库蓄水主要集中在 9 月。分析 9 月各旬梯级水库对长江中下游干流水位的影响沿程变化，见图 10.9～图 10.14。

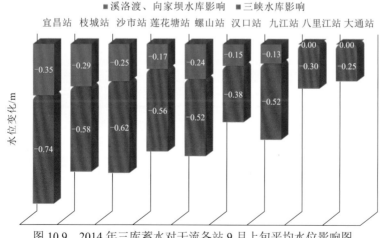

图 10.9　2014 年三库蓄水对干流各站 9 月上旬平均水位影响图

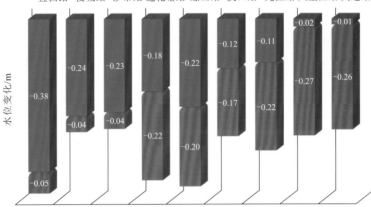

图 10.10　2014 年三库蓄水对干流各站 9 月中旬平均水位影响图

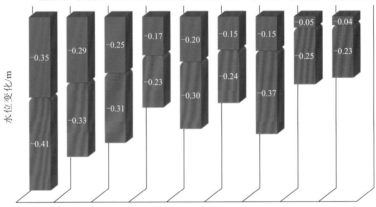

图 10.11　2014 年三库蓄水对干流各站 9 月下旬平均水位影响图

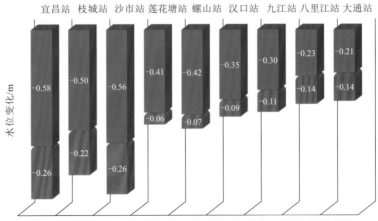

图 10.12　2015 年三库蓄水对干流各站 9 月上旬平均水位影响图

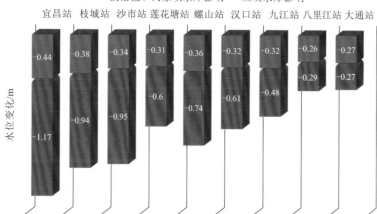

图 10.13　2015 年三库蓄水对干流各站 9 月中旬平均水位影响图

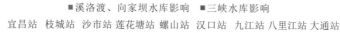

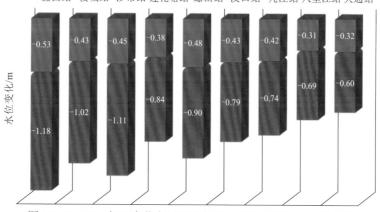

图 10.14　2015 年三库蓄水对干流各站 9 月下旬平均水位影响图

2014 年 9 月上、中、下旬，溪洛渡、向家坝水库蓄水使中下游干流各站水位下降的幅度分别在 0～0.35 m、0.01～0.38 m、0.04～0.35 m；三峡水库蓄水使干流各站水位下降幅度分别在 0.25～0.74 m、0.05～0.26 m、0.23～0.41 m。

2015 年 9 月上、中、下旬，溪洛渡、向家坝水库蓄水使中下游干流各站水位下降的幅度分别为 0.21～0.58 m、0.27～0.44 m、0.32～0.53 m；三峡水库蓄水使干流各站水位下降幅度分别为 0.06～0.26 m、0.27～1.17 m、0.60～1.18 m。

2. 不同方案对平均流量的影响

采用同样方法，分析 9 月各旬梯级水库对长江中下游干流流量的影响沿程变化，见图 10.15～图 10.20。

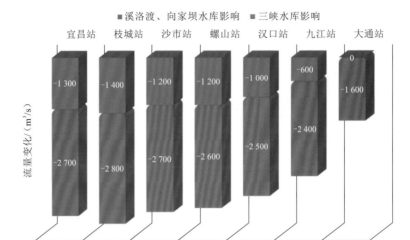

图 10.15　2014 年三库蓄水对干流各站 9 月上旬平均流量影响图

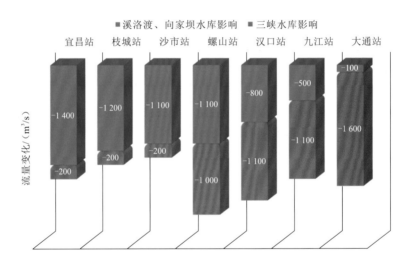

图 10.16　2014 年三库蓄水对干流各站 9 月中旬平均流量影响图

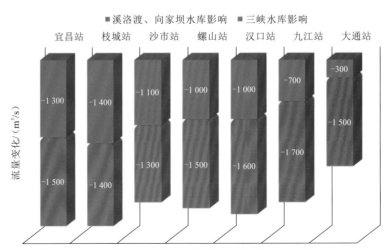

图 10.17　2014 年三库蓄水对干流各站 9 月下旬平均流量影响图

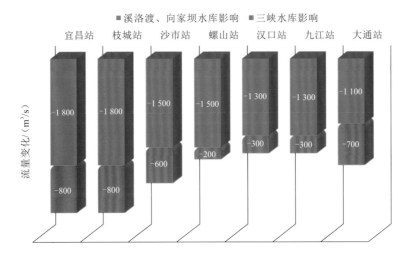

图 10.18　2015 年三库蓄水对干流各站 9 月上旬平均流量影响图

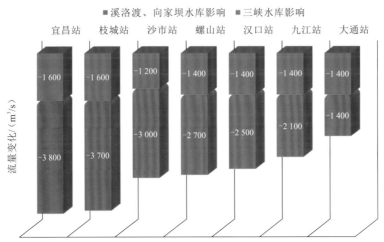

图 10.19　2015 年三库蓄水对干流各站 9 月中旬平均流量影响图

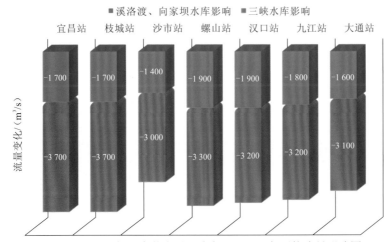

图 10.20　2015 年三库蓄水对干流各站 9 月下旬平均流量影响图

2014 年 9 月上、中、下旬，溪洛渡、向家坝水库蓄水使中下游干流各站流量下降的幅度分别为 0～1 400 m³/s、100～1 400 m³/s、300～1 400 m³/s；三峡水库蓄水使干流各站流量下降幅度分别为 1 600～2 800 m³/s、200～1 600 m³/s、1 300～1 700 m³/s。

2015 年 9 月上、中、下旬，溪洛渡、向家坝水库蓄水使中下游干流各站流量下降的幅度分别为 1 100～1 800 m³/s、1 200～1 600 m³/s、1 400～1 900 m³/s；三峡水库蓄水使干流各站流量下降幅度分别为 200～800 m³/s、1 400～3 800 m³/s、3 000～3 700 m³/s。

第 11 章

水库群蓄水对两湖地区水文情势的影响

本章在分析洞庭湖区、鄱阳湖区水文情势变化及其影响因素的基础上，构建长江与洞庭湖、鄱阳湖的一、二维耦合水动力学模型，定量评估水库群不同蓄水调度方案对两湖出湖水量、湖区水位等要素的实际影响，为长江流域地方政府城市规划建设、防洪灌溉、水资源优化配置的决策提供科学可靠的参考依据。

11.1 两湖地区水文情势变化及其影响因素

11.1.1 两湖地区水系概况

1. 洞庭湖区概况

洞庭湖位于东经 111°14′~113°10′，北纬 28°30′~30°23′，即荆江河段南岸、湖南省北部，为我国第二大淡水湖。洞庭湖水系主要由湘江、资江、沅江、澧水四大水系和长江松滋口、太平口、藕池口、调弦口（已封堵）四口分流水系组成，还有汨罗江、新墙河等支流入汇。在城陵矶附近汇入长江。洞庭湖区是指荆江河段以南，湘、资、沅、澧四水尾闾控制站以下，高程在 50 m 以下跨湘、鄂两省的广大平原、湖泊水网区，总面积 20 109 km²，其中天然湖泊面积约 2 625 km²，洪道面积 1 418 km²，受堤防保护面积 16 066 km²。

洞庭湖的地势西高东低，被分成东洞庭湖、南洞庭湖、西洞庭湖（由目平湖、七里湖组成），自西向东形成一个倾斜的水面。四口水系（也称"荆南四河"）由松滋河、虎渡河、藕池河和调弦河组成，全长 956.3 km。

2. 鄱阳湖区概况

鄱阳湖水系是以鄱阳湖为汇集中心的辐聚水系，由赣江、抚河、信江、饶河、修水（通称"五河"）和环湖直接入湖河流共同组成。各河来水汇聚鄱阳湖后，经调蓄于江西省湖口注入长江。流域地处长江中下游右岸，位于东经 113°30′~118°31′，北纬 24°29′~30°02′，流域面积 16.22 万 km²，约占长江流域面积的 9%。鄱阳湖流域内地势南高北低，边缘群山环绕，中部丘陵起伏，北部平原坦荡，四周渐次向鄱阳湖区倾斜，形成南窄北宽以鄱阳湖为底部的盆地状地形。鄱阳湖区是指湖口站水位 22.50 m（吴淞高程）所影响的区域，湖区面积 28 264 km²。

鄱阳湖水位涨落受五河及长江来水的双重影响，是过水性、吞吐型、季节性的湖泊，高水湖相，低水河相，具有"高水是湖、低水似河""洪水一片、枯水一线"的独特形态。每年 4~6 月随流域洪水入湖而上涨，7~9 月因长江洪水顶托或倒灌而壅高，10 月稳定退水，逐渐进入枯水期。

11.1.2 洞庭湖区水文情势变化及其影响因素

1. 洞庭湖区水文情势变化特征

以三峡水库运用为时间节点，按照运行前（1981 年~2003 年 5 月）、围堰发电期（2003 年 6 月~2006 年 9 月）、初期运行期（2006 年 10 月~2008 年 9 月）和试验性蓄水期（2008 年 10 月~2017 年 12 月）四个阶段，根据洞庭湖区主要水文站的实测数据，对比分析三峡水库建库前后湖区入湖水量、湖区水位、出湖水量的变化特征及趋势。

以湘江湘潭站、资江桃江站、沅江桃源站、澧水石门站合成流量代表洞庭四水入湖水量，松滋河新江口站和沙道观站、虎渡河弥陀寺站、藕池河康家港站和管家铺站合成流量代表荆江三口入湖水量，选择城陵矶（七里山）站等为出湖代表水文站，分析不同时期洞庭湖 8～11 月入湖和出湖流量及湖区水位的变化情况。洞庭湖入湖径流不同时段径流量及其变化见表 11.1，城陵矶（七里山）站不同时段径流量及其变化见表 11.2，水位变化见表 11.3。

表 11.1　洞庭湖不同时段 8～11 月入湖径流量及其变化表

类别		径流量及其变化/亿 m^3				
		8～11 月合计	8 月	9 月	10 月	11 月
①运行前（1981～2002 年）		791.1	312.0	231.0	157.3	90.8
②围堰发电期		527.0	207.4	170.7	88.6	60.3
③初期运行期		787.7	303.0	249.3	78.4	157.0
④试验性蓄水期		558.7	216.0	160.4	87.1	95.2
⑤三峡水库蓄水运行以来（2003～2017 年）		582.2	223.2	175.7	92.1	91.2
②-①	径流量/亿 m^3	-264.1	-104.6	-60.3	-68.7	-30.5
	占比/%	-33.4	-33.5	-26.1	-43.7	-33.6
③-①	径流量/亿 m^3	-3.4	-9.0	18.3	-78.9	66.2
	占比/%	-0.4	-2.9	7.9	-50.2	72.9
④-①	径流量/亿 m^3	-232.4	-96.0	-70.6	-70.2	4.4
	占比/%	-29.4	-30.8	-30.6	-44.6	4.8
⑤-①	径流量/亿 m^3	-208.9	-88.8	-55.3	-65.2	0.4
	占比/%	-26.4	-28.5	-23.9	-41.4	0.4

表 11.2　城陵矶（七里山）站不同时段 8～11 月径流量及其变化表

类别		径流量及其变化/亿 m^3				
		8～11 月合计	8 月	9 月	10 月	11 月
①运行前（1981～2002 年）		995.0	365.0	293.0	207.0	130.0
②围堰发电期		659.0	241.0	207.0	126.0	85.0
③初期运行期		984.0	347.0	315.0	139.0	183.0
④试验性蓄水期		751.0	297.0	192.0	137.0	125.0
⑤三峡水库蓄水运行以来（2003～2017 年）		757.2	285.0	211.8	138.9	121.5
②-①	径流量/亿 m^3	-336.0	-124.0	-86.0	-81.0	-45.0
	占比/%	-33.8	-34.0	-29.4	-39.1	-34.6
③-①	径流量/亿 m^3	-11.0	-18.0	22.0	-68.0	53.0
	占比/%	-1.1	-4.9	7.5	-32.9	40.8

续表

类别		径流量及其变化/亿 m³				
		8～11 月合计	8 月	9 月	10 月	11 月
④-①	径流量/亿 m³	-244.0	-68.0	-101.0	-70.0	-5.0
	占比/%	-24.5	-18.6	-34.5	-33.8	-3.8
⑤-①	径流量/亿 m³	-237.8	-80.0	-81.2	-68.1	-8.5
	占比/%	-23.9	-21.9	-27.7	-32.9	-6.5

表 11.3　城陵矶（七里山）站不同时段 8～11 月水位变化统计表

类别	水位及其变化/m(1985 年国家高程基准)				
	8～11 月平均	8 月	9 月	10 月	11 月
①运行前（1981～2002 年）	25.41	27.71	26.84	24.88	22.20
②围堰发电期	24.15	26.15	25.98	23.45	21.00
③初期运行期	25.39	28.05	27.75	23.08	22.68
④试验性蓄水期	23.86	27.05	24.95	22.20	21.23
⑤三峡水库蓄水运行以来（2003～2017 年）	24.16	26.81	25.58	22.86	21.37
②-①	-1.26	-1.56	-0.86	-1.43	-1.20
③-①	-0.02	0.34	0.91	-1.80	0.48
④-①	-1.55	-0.66	-1.89	-2.68	-0.97
⑤-①	-1.25	-0.90	-1.26	-2.02	-0.83

　　由表 11.1 可知：相较三峡水库运行前，围堰发电期洞庭湖 8～11 月入湖平均径流量偏少 264.1 亿 m³，减幅 33.4%，8～11 月各月径流量均减少；初期运行期 8～11 月平均径流量减少 3.4 亿 m³，减幅 0.4%，除 9 月径流量增加外其余月份径流量均减少；试验性蓄水期 8～11 月平均径流量减少 232.4 亿 m³，减幅 29.4%，8～10 月各月径流量均减少，11 月径流增加；三峡水库蓄水运行以来（2003～2017 年）8～11 月多年平均径流量偏少 208.9 亿 m³，减幅 26.4%，其中 8～10 月各月径流量均减少，11 月径流增加。

　　由表 11.2 可知：城陵矶（七里山）站围堰发电期 8～11 月平均径流量减少 336.0 亿 m³，减幅 33.8%，8～11 月各月径流量均减少；初期运行期 8～11 月平均径流量减少 11.0 亿 m³，减幅 1.1%，8 月和 10 月径流量均减少，9 月和 11 月径流量增加；试验性蓄水期 8～11 月平均径流量减少 244.0 亿 m³，减幅 24.5%，8～11 月各月径流量均减少。三峡水库蓄水运行以来（2003～2017 年）平均径流量偏少 237.8 亿 m³，减幅 23.9%，8～11 月各月径流量均减少。

　　由表 11.3 可知：城陵矶（七里山）站围堰发电期、初期运行期及试验性蓄水期 8～11 月多年平均水位分别降低 1.26 m、0.02 m 和 1.55 m，三峡水库蓄水运行以来（2003～2017 年）8～11 月多年平均水位下降 1.25 m。各月水位变化中，10 月变化幅度最大，8 月变化幅度最小。

2. 洞庭湖区水文情势变化影响因素

分析三峡水库运用以来引起长江与洞庭湖江湖关系发生变化的原因，可能包括以下几个方面。

（1）长江干流来水过程变化不大，来沙明显减少；洞庭湖三口分流量减少；洞庭四水来水偏少。与 1981～2002 年相比，2003～2017 年宜昌站年径流量减少 7%，输沙量减少 92%，其中宜昌站 8～11 月径流量减少 16.8%；2003～2017 年荆江三口合计分流量、分流比与 1981～2002 相比有所减少，分流量在长江干流枝城站来水变化不大情况下，荆江三口分流量减少了 203 亿 m³，分流比由 16% 下降到 12%；洞庭四水来水偏少，与 1981～2002 年相比，2003～2017 年洞庭四水 8～11 月径流量减少 18.7%。

（2）长江中游河道冲刷，干流水位降低。2003～2017 年，宜昌至湖口段平滩河槽总冲刷量约为 19.4 亿 m³，冲刷主要集中在枯水河槽，占总冲刷量的 92%。近年来，宜昌至城陵矶段河床冲刷强度有所下降，城陵矶至汉口段的冲刷强度则显著增大，冲刷强度向下游发展的现象较为明显。随着干流河道的大幅度冲刷，干流枝城站、沙市站、螺山站、汉口站等站中枯水情况下同流量水位明显降低。

（3）荆江三口河道总体转为冲刷。三峡水库运用以来，由于荆江水流含沙量小，荆江三口河道也发生了冲刷。2003～2011 年荆江三口河道总冲刷量为 0.75 亿 m³，其中：松滋河冲刷量 0.35 亿 m³，占荆江三口河道总冲刷量的 47%；虎渡河冲刷 0.15 亿 m³，占荆江三口总冲刷量的 20%；松虎洪道冲刷 0.07 亿 m³，占荆江三口总冲刷量的 10%；藕池河冲刷 0.18 亿 m³，占荆江三口总冲刷量的 23%。松滋河水系冲刷主要集中在口门段、松西河及松东河，其他支汊冲淤变化较小；虎渡河冲刷主要集中在口门至南闸河段，南闸以下河段冲淤变化相对较小；藕池河冲淤变化表现为枯水河槽以上发生冲刷，枯水河槽冲淤变化较小，其口门段、梅田湖等河段冲刷量较大。

（4）洞庭湖淤积明显减缓。三峡水库蓄水以来洞庭湖入湖沙量大幅减小，相较于三峡水库蓄水前 1996～2002 年均值，2003～2013 年荆江三口、洞庭四水入湖沙量分别减少 84.4% 和 48.0%。受此影响，湖区泥沙淤积量和沉积率都呈明显减小趋势，其中泥沙沉积总量减少 99.1%，泥沙沉积率下降为 2.9%。尤其是 2006 年、2008～2013 年，入湖沙量明显少于出湖沙量，特别是 2011 年，入湖沙量为 0.035 亿 t，而出湖沙量达 0.143 亿 t，湖区泥沙冲刷 0.108 亿 t。2003～2013 年洞庭湖年均泥沙淤积量为 56 万 t。

依据 1995 年、2003 年和 2011 年洞庭湖区实测地形资料，对比三峡水库蓄水前后各 9 年，洞庭湖区泥沙冲淤分布情况，如图 11.1 所示。1995～2003 年，洞庭湖以淤积为主，包括西洞庭湖的目平湖、南洞庭湖杨柳潭以东及东洞庭湖均处于淤积状态，其中东洞庭湖泥沙淤积幅度最大，最大淤积厚度达到 3 m 以上，整个湖区的泥沙年均淤积厚度约为 3.7 cm；三峡水库蓄水后 2003～2011 年，洞庭湖区由淤转冲，与蓄水前形成鲜明对比，少量淤积主要发生在南洞庭湖西部和东洞庭湖的南部，湖区的泥沙平均冲刷深度约为 10.9 cm，其中东洞庭湖泥沙平均冲刷厚度最大，约 19 cm。

总的来说，洞庭湖水文情势变化是由上游来水来沙变化、荆江三口分流变化、洞庭四水来水变化、江湖冲淤变化因素共同作用形成。

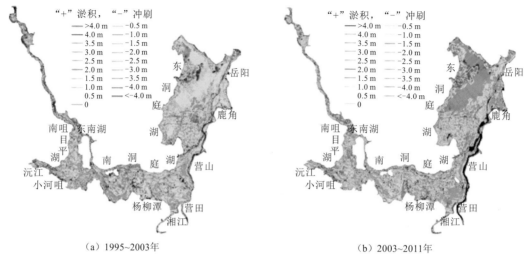

（a）1995~2003年　　　　　　　　　　（b）2003~2011年

图 11.1　三峡水库蓄水前后洞庭湖区冲淤分布图

11.1.3　鄱阳湖区水文情势变化及其影响因素

1. 鄱阳湖区水文情势变化特征

同样地，根据鄱阳湖区主要水文站的实测数据，分析三峡水库建库前后鄱阳湖不同阶段 8~11 月入湖和出湖流量及湖区水位的变化情况。现以鄱阳湖五河七口控制站（赣江外洲站、抚河李家渡站、信江梅港站、饶河虎山站和渡峰坑站、修水虬津站和万家埠站）合计水量作为鄱阳湖区主要入湖水量；采用湖口站流量代表鄱阳湖出湖入江水量，分析不同时段径流量及其变化见表 11.4，湖口站不同时段径流量及其变化见表 11.5，水位变化见表 11.6。

表 11.4　鄱阳湖五河不同时段 8~11 月径流量及其变化表

类别		径流量及其变化/亿 m³				
		8~11 月合计	8 月	9 月	10 月	11 月
①运行前（1981~2002 年）		272.3	91.5	74.3	53.6	52.9
②围堰发电期		191.8	63.7	57.6	30.7	39.8
③初期运行期		222.6	78.2	63.3	34.5	46.6
④试验性蓄水期		243.2	82.7	56.2	43.3	61.0
⑤三峡水库蓄水运行以来（2003~2017 年）		209.2	72.8	57.8	36.1	42.5
②-①	径流量/亿 m³	-80.5	-27.8	-16.7	-22.9	-13.1
	占比/%	-29.6	-30.4	-22.5	-42.7	-24.8
③-①	径流量/亿 m³	-49.7	-13.3	-11.0	-19.1	-6.3
	占比/%	-18.3	-14.5	-14.8	-35.6	-11.9

续表

类别		径流量及其变化/亿 m³				
		8~11 月合计	8 月	9 月	10 月	11 月
④-①	径流量/亿 m³	-29.1	-8.8	-18.1	-10.3	8.1
	占比/%	-10.7	-9.6	-24.4	-19.2	15.3
⑤-①	径流量/亿 m³	-63.1	-18.7	-16.5	-17.5	-10.4
	占比/%	-23.2	-20.4	-22.2	-32.6	-19.7

表 11.5　湖口站不同时段 8~11 月径流量及其变化表

类别		径流量及其变化/亿 m³				
		8~11 月合计	8 月	9 月	10 月	11 月
①运行前（1981~2002 年）		483.0	157.0	131.0	112.0	83.0
②围堰发电期		353.0	117.0	89.0	88.0	59.0
③初期运行期		376.0	96.0	104.0	117.0	59.0
④试验性蓄水期		430.0	163.0	99.0	91.0	77.0
⑤三峡水库蓄水运行以来（2003~2017 年）		401.4	144.9	96.3	89.5	70.7
②-①	径流量/亿 m³	-130.0	-40.0	-42.0	-24.0	-24.0
	占比/%	-26.9	-25.5	-32.1	-21.4	-28.9
③-①	径流量/亿 m³	-107.0	-61.0	-27.0	5.0	-24.0
	占比/%	-22.2	-38.9	-20.6	4.5	-28.9
④-①	径流量/亿 m³	-53.0	6.0	-32.0	-21.0	-6.0
	占比/%	-11.0	3.8	-24.4	-18.8	-7.2
⑤-①	径流量/亿 m³	-81.6	-12.1	-34.7	-22.5	-12.3
	占比/%	-16.9	-7.7	-26.5	-20.1	-14.8

表 11.6　湖口站不同时段 8~11 月水位变化统计表

类别	水位及其变化（1985 年国家高程基准）/m				
	8~11 月平均	8 月	9 月	10 月	11 月
①运行前（1981~2002 年）	13.22	15.38	14.52	12.75	10.21
②围堰发电期	11.43	13.51	13.05	10.84	8.32
③初期运行期	12.44	14.96	14.71	10.73	9.36
④试验性蓄水期	11.28	14.42	12.22	9.91	8.56
⑤三峡水库蓄水运行以来（2003~2017 年）	11.52	14.18	12.76	10.44	8.68
②-①	-1.79	-1.87	-1.47	-1.91	-1.89
③-①	-0.78	-0.42	0.19	-2.02	-0.85
④-①	-1.94	-0.96	-2.30	-2.84	-1.65
⑤-①	-1.70	-1.20	-1.76	-2.31	-1.53

由表 11.4 可知：相较三峡水库运行前，围堰发电期鄱阳湖五河 8～11 月平均径流量偏少 80.5 亿 m^3，减幅 29.6%，8～11 月各月径流量均减少；初期运行期 8～11 月平均径流量偏少 49.7 亿 m^3，减幅 18.3%，8～11 月各月径流量均减少；试验性蓄水期 8～11 月平均径流量偏少 29.1 亿 m^3，减幅 10.7%，8～10 月径流量减少，11 月径流量增加。三峡水库蓄水运行以来（2003～2017 年）8～11 月平均径流量偏少 63.1 亿 m^3，减幅 23.2%，8～11 月径流量均减少。

由表 11.5 可知：围堰发电期湖口站 8～11 月平均径流量减少 130.0 亿 m^3，减幅 26.9%，8～11 月各月径流量均减少；初期运行期 8～11 月平均径流量减少 107.0 亿 m^3，减幅 22.2%，除 10 月径流量略有增加外其余各月径流量均减少；试验性蓄水期 8～11 月平均径流量减少 53.0 亿 m^3，减幅 11.0%，除 8 月径流量略有增加外，9～11 月各月径流量均减少。三峡水库蓄水运行以来（2003～2017 年）8～11 月平均径流量偏少 81.6 亿 m^3，减幅 16.9%，各月径流量均减少。

由表 11.6 可知：湖口站围堰发电期、初期运行期及试验性蓄水期 8～11 月多年平均水位分别降低 1.79 m、0.78 m 和 1.94 m，三峡水库蓄水运行以来（2003～2017 年）8～11 月多年平均水位下降 1.70 m。各月水位变化中，10 月变化幅度最大，8 月变化幅度最小。

2. 鄱阳湖区水文情势变化影响因素

分析三峡水库运行以来长江与鄱阳湖江湖关系发生变化的原因包括以下几个方面。

（1）长江干流及五河来水量的变化。三峡水库蓄水运行以来的 2003～2012 年属水文长系列中的一个枯水时段，与 1956～2002 年比较，鄱阳湖和长江湖口以上流域的年降雨量分别偏少 5.15% 和 3.62%，9 月～次年 3 月降雨量分别偏少 3.02% 和 5.98%，宜昌站、汉口站、大通站、鄱阳湖五河七口控制站和湖口站实测径流量分别偏少 8.1%、5.3%、6.1%、7.8% 和 6.6%。

（2）入江水道河段大幅度冲刷下切。据鄱阳湖实测地形资料分析表明，1998～2010 年，鄱阳湖区总体处于冲刷状态，尤其是入江水道河段冲刷下切较为显著。1956～2002 年鄱阳湖入湖与出湖沙量多年平均比值为 1.6，而 2003 年以后入湖与出湖沙量的比值减小为 0.5；2003 年以后鄱阳湖多年平均年入湖沙量减少约 58%，年出湖沙量增加约 32%。2003 年以后五河入湖沙量减少较多，受自身泥沙冲刷及采砂影响，来水段微淤、出水端冲刷下切严重导致了湖泊同流量时水面降低，出湖水量流速加大，致使出湖沙量明显增多，入湖与出湖沙量关系发生了显著改变。

（3）长江干流河道冲刷对九江站、八里江站水位的影响。九江站水位-流量关系如图 11.2 所示。三峡水库运行后，九江站由于河床冲刷，2003～2008 年中枯水水位-流量关系综合线较 1998～2002 年综合线明显向右下偏离，流量 30 000 m^3/s 以下时水位降低约 0.26～0.80 m，有流量越大水位降低值越小的变化趋势；2009 年以后河床冲刷幅度放缓，2009～2014 年水位-流量关系综合线较 2003～2008 年综合线略向右下偏离，同流量下水位降低幅度变小，流量 10 000～30 000 m^3/s 时水位降低约 0.30～0.97 m。八里江站水位-流量关系如图 11.3 所示。三峡水库运行后，八里江站由于河床冲刷，2006～2014 年中枯水水位-流量关系综合线较 1995～2002 年综合线明显向右下偏离，流量 50 000 m^3/s 以下时水位降低约 0.21～0.71 m，流量 30 000 m^3/s 以下时水位降低约 0.35～0.71 m。

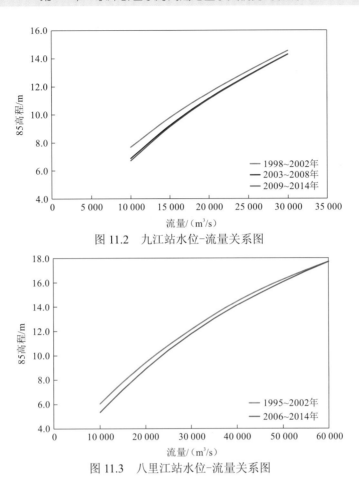

图 11.2　九江站水位-流量关系图

图 11.3　八里江站水位-流量关系图

11.2　长江与洞庭湖一、二维耦合水动力学模型构建与应用

11.2.1　模型构建

1. Mike Flood 模型简介

本小节需要对一维河道和二维湖区水流分别进行建模演进计算。一维模型计算简便，适合模拟河道内水流运动情况，二维模型需要占用更多的计算资源，适合模拟行洪区和湖泊内水流运动情况。Mike Flood 模型可以将一维模型和二维模型耦合，既可以发挥出一维模型快速方便的特点，同时又能用二维模型提高局部范围的模拟精度，解决两种模型分别使用时经常遇到的空间分辨率和计算精度等问题。

2. 模型设置

1）河网概化

以 Mike Flood 模型为基础，构建长江与洞庭湖一、二维耦合水动力学模型，其中长江十流、荆江三口汇流河道及洞庭四水尾闾的水流模拟采用一维水动力学模型进行计算，洞庭湖区水流模拟采用二维水动力学模型计算，模型地形采用 2012 年长江干流河道和洞庭湖区地形资料，模型概化示意图见图 11.4。

图 11.4　长江与洞庭湖一、二维耦合水动力学模型概化图

　　长江与洞庭湖一、二维耦合水动力学模型中，模型上边界为宜昌站的流量，下边界为螺山站的水位-流量关系，洞庭四水、汨罗江及清江主要控制水文站的流量作为点源汇入模型。

　　长江与洞庭湖一、二维耦合水动力学模型中，二维模型的上游边界条件由一维模型给出，而一维模型的下游边界则由二维模型提供，两个模型的数值求解过程交替进行，在耦合边界上传递计算结果，实现耦合。耦合边界的位置分别设置在"三口"河系尾闾、"四水"尾闾与洞庭湖连接处、注滋口与东洞庭湖连接处、洞庭湖出口城陵矶处。

　　采用 Mike21 中降雨产流模块，模拟湖区内的降雨径流过程。模块中输入数据为湖区鹿角站、南咀站、小河咀站、营田站等站的实测逐日降水过程，采用泰森多边形方法插值形成湖面的逐日降水，蒸发则采用湖区的逐月潜在蒸散发时间序列。

　　由于洞庭湖区面积较大，入湖支流众多且存在区间来流，模型中二维的湖面产流不能完全表征湖区产流，故概化的入湖总流量较实际偏小。为克服这一问题，根据湖区区间与洞庭四水总集水面积的关系及洪枯水期入流特性，当洞庭四水合成流量小于 13 000 m³/s 时，采用洞庭四水合成流量的 8%加上干流枝城站流量的 0.5%作为湖区区间流量；当洞庭四水合成流量大于或等于 13 000 m³/s 时，采用洞庭四水总流量的 10%加上干流枝城站流量的 0.5%作为湖区区间流量，并以源的形式平均加入枯季河槽内，使得数学模型更为真实、准确模拟洞庭湖水动力特性。

2）网格划分

综合考虑洞庭湖区面积、模拟精度、计算时间及软件性能等因素的限制，采用的最大网格面积不超过 0.08 km²，一般网格面积控制在 0.015～0.02 km²。重要地区、河道及其他地形变化剧烈的区域，计算网格适当加密。

3）参数率定

模型参数的率定主要是河道和湖泊粗糙系数的率定，以合理反映河道和湖泊的阻力。选择近期 2008 年、2011 年、2012 年洪水过程作为率定的依据，这三年的洪水过程具有不同的洪水组成和特征，代表性较好。2008 年洪水属于典型的洞庭四水遭遇型洪水，当年枝城站流量最大仅有 40 200 m³/s，沙市站最高水位为 39.34 m，不到警戒水位，而洞庭湖区沅江、湘江出现了较大洪水，其中沅江流量最大高达 18 200 m³/s，湘江站流量最高达 13 200 m³/s。2011 年属于该区域典型的枯水年份，洪水主要出现在长江干流区域，年最大流量也仅有 28 100 m³/s，荆江三口分流量急剧降低，同时洞庭四水来流量也比同期偏少，洪水过程具有历时短、洪量小、水位低的特点。2012 年洪水为长江中游区域性较大洪水，洪水来得早、来势猛，但由于下游前期洪水消退较早，水面比降较大，洪水涨势迅猛、消退亦快，长江干流洪水与洞庭四水来水多次遭遇致使螺山站水位持续走高。

由于计算区域内不同河段、洞庭湖不同湖区的河床边界组成差异较大，将长江中游干流河段分为枝城—沙市—新厂—监利—城陵矶—螺山 5 个河段，松滋河系、虎渡河系、藕池河系、澧水洪道分为 22 个河段，洞庭湖区及四水尾闾地区分为目平湖、南洞庭湖西侧、南洞庭湖东侧、东洞庭湖南侧、东洞庭湖北侧、湘江尾闾、资江尾闾、沅江尾闾 8 块分别按照地形等高线进行率定。

4）模型精度评价

同样采用纳什效率系数 E_{NS} 和相对误差 R_E 两个指标评价流量过程模拟精度。

11.2.2　模型应用精度评价

以 2008～2017 年作为模型参数的验证期，根据率定期选择的参数，模拟 2008～2017 年干流、洞庭湖区及出口各个站点的逐年流量过程，并与实测流量进行对比，模拟效果见表 11.7。出湖控制站城陵矶站历年模拟与实测过程见图 11.5。由图表可以看出，各个站点模拟流量过程与实测过程拟合程度较好。不同量级流量下对应的实测流速与模拟的流速误差较小，满足模型模拟精度要求。

表 11.7　模型各站点模拟效果评价

项目	枝城站	沙市站	监利站	城陵矶站	沙道观站	弥陀寺站	新江口站	管家铺站	康家岗站
E_{NS}	0.99	0.99	0.98	0.97	0.96	0.96	0.95	0.93	0.93
R_E/%	-0.20	0.45	-0.78	1.78	3.22	3.08	4.12	11.08	-6.68

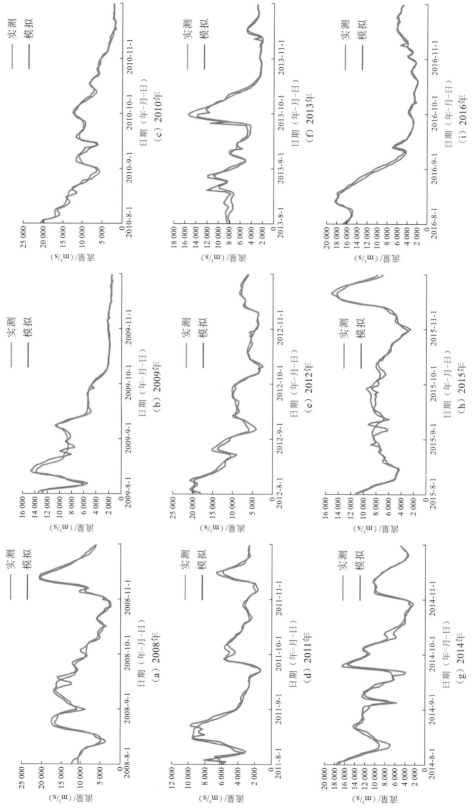

图 11.5　城陵矶站历年 8~11 月实测流量与模拟流量拟合效果图

11.3　长江与鄱阳湖二维水动力学模型构建与应用

11.3.1　模型构建

1．模型简介

以 DHI Mike21 模型为基础，构建长江与鄱阳湖二维水动力学模型。模型计算范围包含长江干流九江至八里江河段、鄱阳湖区和"五河"尾闾段三部分。

2．模型概化

1）河网概化

由于研究范围较广，不具备同期完整的地形资料。长江干流段采用 2012 年实测地形，湖区与长江干流连接段采用 2015 年实测地形，湖区左上区域采用 2010 年实测地形，湖区其余区域采用 1998 年实测地形，"五河"尾闾段采用 2010 年实测地形。

模型上边界为九江站的流量，下边界为八里江站的水位-流量关系，鄱阳湖五河主要控制水文站的流量作为点源汇入。由于鄱阳湖湖面面积较大，入湖支流众多且存在区间来流，为克服模型中概化的入湖支流五河（赣江、抚河、信江、饶河、修水）的入湖总流量较实际偏小的问题，根据湖区区间与五河总集水面积的关系，采用五河总流量的 18.3%作为湖区区间流量，并以源的形式平均加入枯季河槽内，模拟鄱阳湖水动力特性。长江与鄱阳湖二维水动力学模型边界条件见图 11.6。

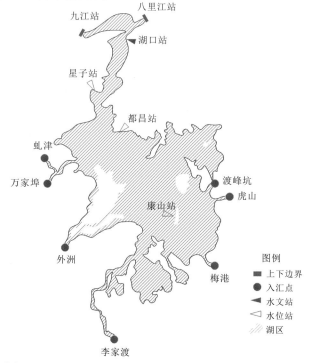

图 11.6　长江与鄱阳湖二维水动力学模型边界条件示意图

2）网格划分

为精确模拟鄱阳湖枯水期的水动力变化过程，模型采用三角形网格和四边形网格嵌套，湖区主河槽采用四边形网格，其他区域采用三角形网格，网格总数为 37 113 个。模型网格尺寸为 30～1 200 m 不等，对入江通道的网格进行局部加密，湖区周围有尾闾入汇的区域进行局部加密，尾闾网格尺寸为 250～500 m。

3）模型率定

以五河七口入湖流量、湖口站实测水位、九江站流量、八里江站水位过程等为外边界条件，以湖区主要站点水位为主要特征值率定模型。粗糙系数值在计算中根据实测资料进行调整，粗糙系数设置分为长江段、湖区边滩近岸和湖区河槽三个区域，通过验证所确定长江段区域粗糙系数为 0.025～0.035，湖区边滩近岸区域粗糙系数为 0.05～0.06，湖区河槽区域粗糙系数为 0.03～0.04。

4）模型精度评价

同样采用纳什效率系数 E_{NS} 和相对误差 R_E 两个指标评价流量过程模拟精度。

11.3.2 模型应用精度评价

根据率定期选择的参数，模拟 2008～2017 年鄱阳湖区湖口站的逐年流量过程，并与实测流量进行对比，模拟效果见表 11.8。出湖控制站湖口站历年模拟与实测过程见图 11.7。由图和表可以看出，湖口站点模拟流量过程与实测过程拟合程度较好。

表 11.8 湖口站模拟效果评价

站名	E_{NS}	R_E/%
湖口站	0.97	6.41

11.4 不同调度方案对两湖地区水文情势的影响

11.4.1 不同调度方案对洞庭湖区水文情势的影响

三峡水库蓄水对洞庭湖区水文情势的影响主要体现在两个方面：①水库蓄水从源头上减少了荆江三口进入洞庭湖的水量；②水库蓄水使得长江干流水位降低进而加速湖泊水体流入长江。荆江三口分流量的减少一定程度上会减少城陵矶站的流量，而洞庭湖水体加速出流一定程度上会增加城陵矶站的流量，城陵矶站流量的变化是以上两个方面共同叠加作用的结果。为研究三峡水库蓄水后，以上两方面对城陵矶站流量影响的作用机制，将宜昌站 2008～2016 年的实测流量过程及还原后的天然流量过程作为模型上游边界条件，固化其他变化条件，分别模拟洞庭湖区典型站点水位及出湖站点流量过程。同时，模型可以间接模拟得到还原天然情况和上游水库调蓄影响下湖区面积。

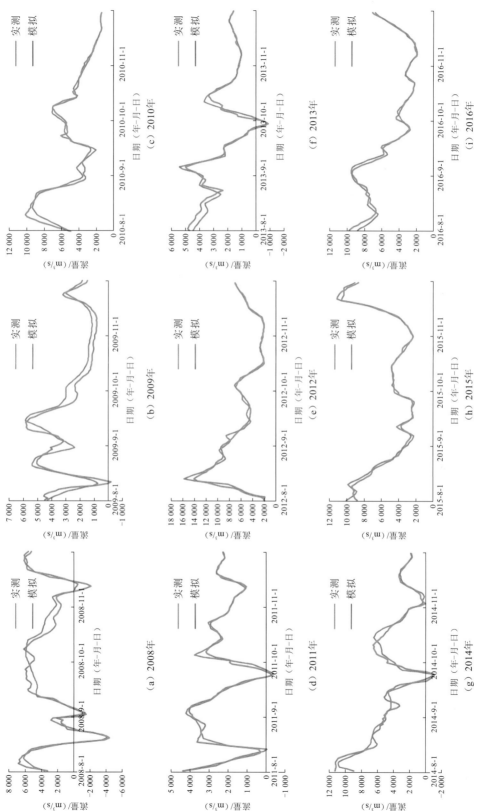

图 11.7　湖口站历年 8~11 月实测流量与模拟流量拟合效果图

1. 实际调度实践对洞庭湖区水文情势的影响

1）湖区水位变化

三峡水库实际调度实践对洞庭湖区各站 8～11 月各旬平均水位影响如图 11.8 所示。由图 11.8 可以看出，实际调度实践对洞庭湖区水位的影响主要集中在 9 月上旬～11 月上旬，其中 10 月上旬湖区水位变化幅度较大，多年旬平均水位较还原情况减少 0.69～1.62 m。从位置来看，处于东洞庭湖的鹿角站变化幅度最大，处于西洞庭湖站的南咀站变化幅度居中，处于南洞庭湖的小河咀站变化幅度最小。

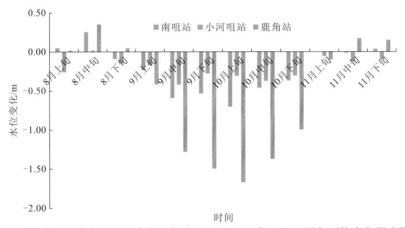

图 11.8　实际调度实践对洞庭湖区各站 2008～2017 年 8～11 月旬平均水位影响图

2）湖区面积变化

洞庭湖区 8～11 月各旬多年平均天然面积与实际面积对比如图 11.9 所示。由图 11.9 可以看出，洞庭湖区 8～11 月各旬多年平均天然面积与实测面积相比，除了 8 月以外，还原面积均大于实测面积。实测旬平均面积较还原情况面积减少 27～551 km²，其中减少幅

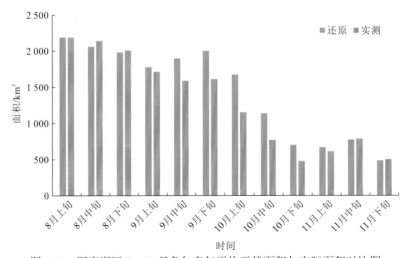

图 11.9　洞庭湖区 8～11 月各旬多年平均天然面积与实际面积对比图

度最大的是 10 月中旬，减少幅度最小的是 11 月上旬。8 月上旬实测多年旬平均面积较还原情况基本一致，8 月中旬较还原增加 78 km²，8 月下旬较还原情况增加 21 km²。9 月各旬实测面积均较还原面积有所减少，9 月上、中、下旬实测多年旬平均面积较还原情况分别减少 68 km²、304 km² 和 388 km²。10 月各旬实测面积较还原面积分别减少 530 km²、368 km² 和 218 km²。11 月上旬实测多年旬平均面积较还原情况减少 60 km²，11 月中下旬实测多年旬平均水位较还原情况基本一致。

3）出湖水量变化

城陵矶（七里山）站 8～11 月多年各旬流量的变化特征，结果如图 11.10 所示。由图 11.10 可以看出，城陵矶（七里山）站 8～11 月各旬多年平均还原流量与实测流量相比，除了 8 月中下旬、9 月上旬及 11 月下旬外，其余时间还原流量均大于实测流量。流量变化幅度最大的是 9 月下旬，实测多年旬平均流量较还原情况减少 1 370 m³/s；变化幅度较小的是 8 月中旬、9 月上旬及 11 月下旬，实测多年旬平均流量与还原的基本一致。从城陵矶（七里山）站多年旬平均流量变化来看，实测旬平均流量较还原情况减少的时段主要集中在 9 月下旬～11 月中旬，减少幅度在 1.34%～20.3%，其中减少幅度最大的是 10 月中旬，减少幅度最小的是 11 月中旬。

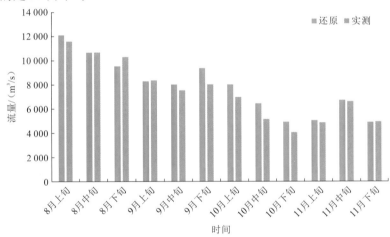

图 11.10　城陵矶（七里山）站 8～11 月多年各旬平均还原流量与实际流量对比图

2. 蓄水期不同调度方案对洞庭湖区水文情势的影响

基于构建的长江与洞庭湖一、二维耦合水动力学模型，在固化其他边界条件的情况下，选取与第 11 章采用的三峡水库不同调度方案（实际调度实践、《初设调度方案》、《优化调度方案》和《规程调度方案》），分析了蓄水期不同调度方案对洞庭湖水文情势的影响。

1）湖区水位变化

不同调度方案对洞庭湖区各站 2008～2017 年蓄水期旬平均水位影响见图 11.11。由图 11.11 可以看出，实际调度实践对水位影响要小于其他几种调度方案，使洞庭湖区各站蓄水期旬平均水位下降 0.25～0.79 m。《规程调度方案》、《优化调度方案》和《初设调度方案》下，洞庭湖区各站蓄水期旬平均水位较天然下降 0.33～1.02 m、0.35～1.06 m、0.36～1.29 m。

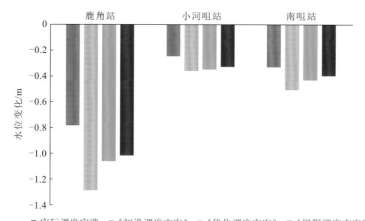

图 11.11　不同调度方案对洞庭湖各站 2008～2017 年蓄水期旬平均水位影响图

从湖区不同位置水位变化幅度来看，处于东洞庭湖的鹿角站变化幅度最大，处于西洞庭湖站的南咀站居中，处于南洞庭湖的小河咀站最小。

2）湖区面积变化

不同调度方案对洞庭湖区多年旬平均面积影响长序列变化见表 11.9。由表 11.9 可知，实际调度实践对湖区面积影响要小于其他几种调度方案。

表 11.9　不同调度方案对洞庭湖区多年旬平均面积影响分析表　　　（单位：km²）

时间	实际调度实践	《初设调度方案》	《优化调度方案》	《规程调度方案》
9 月上旬	−64	—	—	—
9 月中旬	−351	—	−198	−533
9 月下旬	−386	—	−529	−423
10 月上旬	−558	−769	−796	−760
10 月中旬	−355	−831	−701	−515
10 月下旬	−194	−354	−151	−91
11 月上旬	−52	−57	−16	−9
11 月中旬	15	−52	−27	−23
11 月下旬	10	3	4	4
多年平均	−215	−343	−302	−294

3）出湖水量变化

不同调度方案对城陵矶站旬平均流量变化见图 11.12。由图 11.12 可知，实际调度实践对流量影响要小于其他几种调度方案。各个调度方案在蓄水初期时流量与还原的情况相比有所增加。在蓄水初期，长江干流水位下降较快，导致城陵矶站水位迅速下降，而洞庭湖区水位变化幅度没有城陵矶站水位变化幅度大，从而导致湖区至城陵矶段的水位差（比降）较天然情况增加，加大了湖区出流。从变化的量来看，各个方案在蓄水初期流量均较天然情况有所增加。

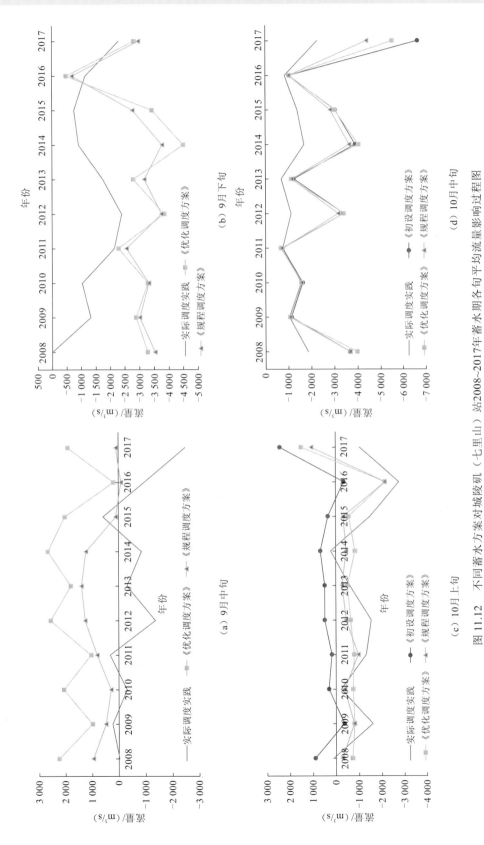

图 11.12　不同蓄水方案对城陵矶（七里山）站2008~2017年蓄水期各旬旬平均流量影响过程图

11.4.2　不同调度方案对鄱阳湖区水文情势的影响

三峡水库蓄水对鄱阳湖区水文情势的影响主要表现在长江干流水位降低加速湖泊水体流入长江，一定程度上会增加湖口站的流量。为研究三峡水库蓄水后，水库蓄水对湖口站流量影响的作用机制，将九江站 2008～2017 年的实测流量过程及还原后的天然流量过程作为模型上游边界条件，固化其他变化条件，分别模拟鄱阳湖区典型站点水位及出湖站点流量过程。

1. 实际调度实践对鄱阳湖区水文情势的影响

1）湖区水位变化

实际调度实践对鄱阳湖区各站 8～11 月各旬平均水位影响见图 11.13。由图 11.13 可以看出，实际调度实践对洞庭湖区水位的影响主要集中在 9 月中旬～11 月下旬，其中 10 月中旬湖区水位变化幅度较大，多年旬平均水位较还原情况减少 0.39～1.23 m。从位置来看，靠近出湖口的星子站变化幅度最大，都昌站其次，距离湖口较远的康山站变化幅度最小。

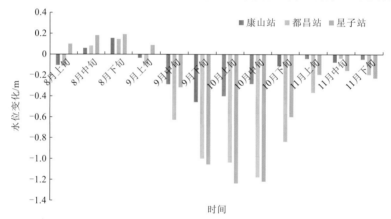

图 11.13　实际调度实践对鄱阳湖区各站 2008～2017 年 8～11 月旬平均水位影响图

2）湖区面积变化

鄱阳湖区 8～11 月各旬多年平均还原面积与实际面积对比图如图 11.14 所示。由图 11.14 可以看出，鄱阳湖区 8～11 月各旬多年平均天然面积与实测面积相比，除了 8～9 月上旬外，还原面积均大于实测面积。实测旬平均面积较还原情况面积减少 69～341 km²，其中减少幅度最大的是 10 月中旬，减少幅度最小的是 9 月中旬。

3）出湖水量变化

分别将九江站 2008～2017 年 8～11 月的实测流量和还原流量作为长江和鄱阳湖二维耦合水动力学模型的输入条件，分析该时段鄱阳湖控制站湖口站出湖水量的变化，结果如图 11.15 所示。

分析表明，湖口站 8～11 月份各旬多年平均天然流量与实测流量相比，在 8 月下旬～10 月上旬，受三峡水库蓄水影响，干流水位较天然情况下降低，增大了鄱阳湖区与干流之间的比降，一定程度上加速了湖区出流。可以看出，鄱阳湖实测湖区调蓄水量（即湖口站

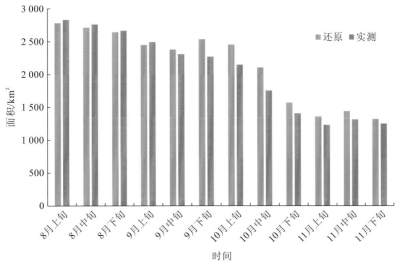

图 11.14　鄱阳湖区 8～11 月各旬多年平均还原面积与实际面积对比图

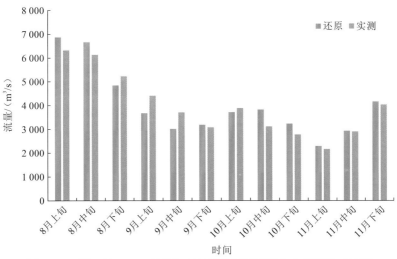

图 11.15　湖口站 8～11 月各旬多年平均还原流量与实际流量对比图

出湖水量）要大于天然湖区调蓄水量，在这期间湖口站天然流量均小于实测流量。随着湖区水位的降低，大部分时间段天然流量均大于实测流量。

2. 蓄水期不同调度方案对鄱阳湖区水文情势的影响

基于 DHI Mike21 模型构建了长江与鄱阳湖二维耦合水动力学模型，分析蓄水期不同调度方案对鄱阳湖区水文情势的影响。

1）湖区水位变化

不同调度方案对鄱阳湖区各站蓄水期旬平均水位影响见图 11.16。由图 11.16 可知，对都昌站和星子站而言，实际调度实践对水位影响要小于其他几种调度方案。实际调度实践、《规程调度方案》、《优化调度方案》和《初设调度方案》，分别使鄱阳湖区都昌站和星子站蓄水期旬平均水位下降 0.55～0.60 m、0.77～0.79 m、0.79～0.81 m 和 1.02～1.06 m。对康山站来说，其位置距离出湖段较远，受水库影响蓄水较小，各个调度方案下水位变化不是很明显，蓄水期旬平均水位下降不超过 0.3 m。距离湖口站较近的星子站变化幅度最大，其次是都昌站。

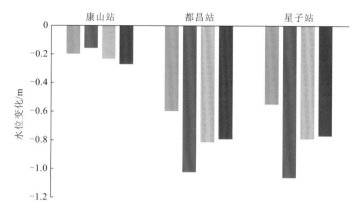

■ 实际调度实践　■《初设调度方案》　■《优化调度方案》　■《规程调度方案》

图 11.16　不同蓄水方案对鄱阳湖区各站 2008～2017 年蓄水期旬平均水位影响图

2）湖区面积变化

不同调度方案对鄱阳湖旬平均面积影响长序列变化见表 11.10。由表 11.10 可以看出，实际调度实践对面积影响要小于其他几种调度方案。

表 11.10　不同蓄水方案对鄱阳湖多年旬平均面积影响分析表　　　　（单位：km²）

时间	实际调度实践	《初设调度方案》	《优化调度方案》	《规程调度方案》
9 月上旬	50	—	—	—
9 月中旬	−58	—	84	−37
9 月下旬	−291	—	−295	−373
10 月上旬	−421	−169	−388	−442
10 月中旬	−436	−840	−844	−693
10 月下旬	−224	−807	−450	−296
11 月上旬	−163	−416	−154	−80
11 月中旬	−169	−278	−180	−158
11 月下旬	−89	−115	−70	−63
多年平均	−200	−438	−287	−268

3）出湖水量变化

不同调度方案对湖口站 2008～2017 年蓄水期各旬平均流量影响长序列变化见图 11.17。由图 11.17 可知，各个调度方案对鄱阳湖湖口站旬平均流量影响较小。各个调度方案在蓄水初期时，各调度方案下的流量与还原的情况相比有所增加。主要原因是在蓄水初期，长江干流水位下降较快，导致湖口站水位迅速下降，而鄱阳湖区水位变化幅度没有湖口站水位变化幅度大，从而导致湖区至湖口段的水位差（比降）较天然情况增加，加大了湖区出流。

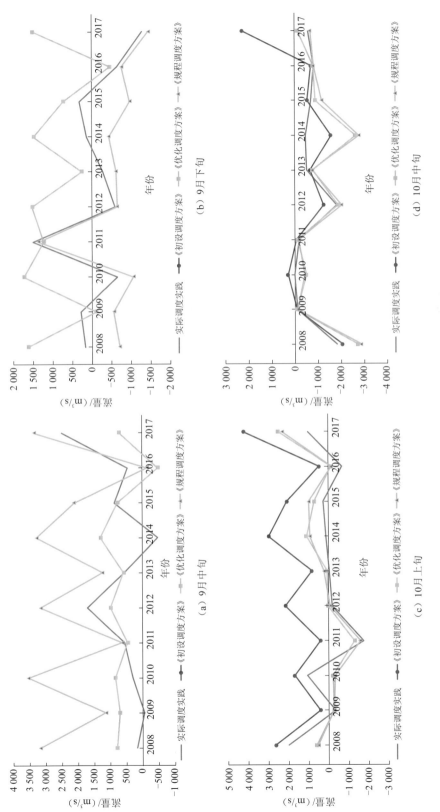

图 11.17　不同调度方案对湖口站2008~2017年蓄水期各旬平均流量影响过程图

参考文献

班璇, 姜刘志, 曾小辉, 等, 2014. 三峡水库蓄水后长江中游水沙时空变化的定量评估[J]. 水科学进展, 25(5): 650-657.

蔡卓森, 戴凌全, 刘海波, 等, 2020. 兼顾下游生态流量的溪洛渡-向家坝梯级水库蓄水期联合优化调度研究[J]. 长江科学院院报, 37(9): 31-38.

常福宣, 2011. 长江流域水资源配置的几个关键问题思考[J]. 长江科学院院报, 28(10): 54-58.

陈进, 2010. 长江流域大型水库群统一蓄水问题探讨[J]. 中国水利(8): 10-13.

陈炯宏, 徐涛, 李长春, 等, 2015. 三峡水库蓄水期综合调度需求分析[J]. 人民长江, 46(21): 1-4.

陈炯宏, 陈桂亚, 宁磊, 等, 2018. 长江上游水库群联合蓄水调度初步研究与思考[J]. 人民长江, 49(15): 1-6.

陈柯兵, 郭生练, 何绍坤, 等, 2018. 基于月径流预报的三峡水库优化蓄水方案[J]. 武汉大学学报(工学版), 51(2): 112-117.

戴凌全, 毛劲乔, 戴会超, 等, 2016. 面向洞庭湖生态需水的三峡水库蓄水期优化调度研究[J]. 水力发电学报, 35(9): 18-27.

戴凌全, 戴会超, 李玮, 等, 2022. 兼顾四大家鱼产卵需求的梯级水电站生态调度[J]. 水力发电学报, 41(5): 21-30.

戴明龙, 2017. 长江上游巨型水库群运行对流域水文情势影响研究[D]. 武汉: 华中科技大学.

丁胜祥, 王俊, 沈燕舟, 等, 2012. 长江上游大型水库运用对三峡水库汛末蓄水影响的初步分析[J]. 水文, 32(1): 32-38.

付湘, 李安强, 石萍, 2013. 不影响三峡水库蓄水的上游水库群蓄水方法研究[J]. 人民长江, 44(4): 8-12.

付湘, 赵秋湘, 孙昭华, 2019. 三峡水库175 m试验性蓄水期调度运行对洞庭湖蓄水量变化的影响[J]. 湖泊科学, 31(6): 1713-1725.

归力佳, 顾圣平, 林乐曼, 等, 2018. 基于组合赋权-理想点法的梯级水库蓄水研究[J]. 人民黄河, 40(5): 44-48.

郭家力, 郭生练, 李天元, 等, 2012. 三峡水库提前蓄水防洪风险分析模型及其应用[J]. 水力发电学报, 31(4): 16-21.

郭生练, 何绍坤, 陈柯兵, 等, 2020. 长江上游巨型水库群联合蓄水调度研究[J]. 人民长江, 51(1): 6-10, 35.

国家市场监督管理总局, 中国国家标准化管理委员会, 2008. 水文情报预报规范: GB/T 22482—2008[S]. 北京: 中国标准出版社.

何绍坤, 郭生练, 刘攀, 等, 2019. 金沙江梯级与三峡水库群联合蓄水优化调度[J]. 水力发电学报, 38(8): 27-36.

胡春宏, 张双虎, 2022. 长江经济带水安全保障与水生态修复策略研究[J]. 中国工程科学, 24(1): 166-175.

胡光伟, 毛德华, 李正最, 等, 2014. 60年来洞庭湖区进出湖径流特征分析[J]. 地理科学, 34(1): 89-96.

胡向阳, 张细兵, 黄悦, 2010. 三峡工程蓄水后长江中下游来水来沙变化规律研究[J]. 长江科学院院报,

27(6): 4-9.

黄草, 王忠静, 李书飞, 等, 2014a. 长江上游水库群多目标优化调度模型及应用研究 I: 模型原理及求解[J]. 水利学报, 45(9): 1009-1018.

黄草, 王忠静, 鲁军, 等, 2014b. 长江上游水库群多目标优化调度模型及应用研究 II: 水库群调度规则及蓄放次序[J]. 水利学报, 45(10): 1175-1183.

李长春, 喻杉, 丁毅, 等, 2015. 三峡水库蓄水期径流特性分析[J]. 水电与新能源(12): 25-29, 34.

李景保, 张照庆, 欧朝敏, 等, 2011. 三峡水库不同调度方式运行期洞庭湖区的水情响应[J]. 地理学报, 66(9): 1251-1260.

李景保, 周永强, 欧朝敏, 等, 2013. 洞庭湖与长江水体交换能力演变及对三峡水库运行的响应[J]. 地理学报, 68(1): 108-117.

李亮, 周云, 李建兵, 2016. 溪洛渡向家坝梯级水电站联合蓄放水规律分析[J]. 人民长江, 47(2): 92-94, 105.

李义天, 甘富万, 邓金运, 2006. 三峡水库 9 月分旬控制蓄水初步研究[J]. 水力发电学报(1): 61-66.

李英海, 夏青青, 张琪, 等, 2019. 考虑生态流量需求的梯级水库汛末蓄水调度研究: 以溪洛渡-向家坝水库为例[J]. 人民长江, 50(8): 217-223.

李雨, 郭生练, 郭海晋, 等, 2013. 三峡水库提前蓄水的防洪风险与效益分析[J]. 长江科学院院报, 30(1): 8-14.

廖小红, 朱枫, 黎昔春, 等, 2018. 典型年洪水的洞庭湖槽蓄特性研究[J]. 中国农村水利水电(5): 134-137, 143.

刘攀, 郭生练, 王才君, 等, 2004. 三峡水库动态汛限水位与蓄水时机选定的优化设计[J]. 水利学报(7): 86-91.

刘强, 钟平安, 徐斌, 等, 2016. 三峡及金沙江下游梯级水库群蓄水期联合调度策略[J]. 南水北调与水利科技, 14(5): 62-70.

刘心愿, 郭生练, 刘攀, 等, 2009. 考虑综合利用要求的三峡水库提前蓄水方案[J]. 水科学进展, 20(6): 851-856.

刘章君, 成静清, 温天福, 等, 2018. 三峡水库汛末蓄水对鄱阳湖水位的影响研究[J]. 中国农村水利水电(2): 103-108, 112.

闵要武, 张俊, 邹红梅, 2011. 基于来水保证率的三峡水库蓄水调度图研究[J]. 水文, 31(3): 27-30.

欧阳硕, 周建中, 周超, 等, 2013. 金沙江下游梯级与三峡梯级枢纽联合蓄放水调度研究[J]. 水利学报, 44(4): 435-443.

彭杨, 李义天, 张红武, 2003. 三峡水库汛末蓄水时间与目标决策研究[J]. 水科学进展(6): 682-689.

孙思瑞, 谢平, 陈柯兵, 等, 2018. 三峡水库蓄水期不同调度方案对洞庭湖出口水位的影响[J]. 长江流域资源与环境, 27(8): 1819-1826.

王冬, 李义天, 邓金运, 等, 2014. 三峡水库蓄水期洞庭湖水力要素变化初步分析[J]. 水力发电学报, 33(2): 26-32.

王俊, 程海云, 2010 . 三峡水库蓄水期长江中下游水文情势变化及对策[J]. 中国水利(19): 14, 15-17.

王俊, 郭生练, 2020. 三峡水库汛期控制水位及运用条件[J]. 水科学进展, 31(4): 473-480.

王丽萍, 李宁宁, 马皓宇, 等, 2020. 三峡水库蓄水时机群决策方法研究[J]. 水力发电学报, 39(7): 61-72.

吴志广, 袁喆, 2021. 适应长江经济带绿色发展的长江水资源开发保护总体战略[J]. 长江科学院院报,

38(7): 132-136.

夏军, 翟金良, 占车生, 2011. 我国水资源研究与发展的若干思考[J]. 地球科学进展, 26(9): 905-915.

许继军, 王永强, 2020. 长江保护与利用面临的水问题及其对策思考[J]. 长江科学院院报, 37(7): 1-6.

周雪, 王珂, 陈大庆, 等, 2019. 三峡水库生态调度对长江监利江段四大家鱼早期资源的影响[J]. 水产学报, 43(8): 1781-1789.

周研来, 郭生练, 陈进, 2015. 溪洛渡-向家坝-三峡梯级水库联合蓄水方案与多目标决策研究[J]. 水利学报, 46(10): 1135-1144.

朱玲玲, 许全喜, 戴明龙, 2016. 荆江三口分流变化及三峡水库蓄水影响[J]. 水科学进展, 27(6): 822-831.

左建, 陆宝宏, 顾磊, 等, 2015. 基于综合调度的三峡水库汛末蓄水研究[J]. 水力发电, 41(12): 85-88, 92.

CHANG J, LI J B, LU D Q, et al., 2010. The hydrological effect between Jingjiang River and Dongting Lake during the initial period of Three Gorges Project operation[J]. Journal of geographical sciences, 20(5): 771-786.

CLARK E J, 1956. Impounding reservoirs[J]. Journal of American water works association, 48 (4): 349-354.

DAI X, YANG G S, WAN R R, et al., 2018. The effect of the Changjiang River on water regimes of its tributary Lake East Dongting[J]. Journal of geographical sciences, 28(8): 1072-1084.

EUM H I, SIMONOVIC, S P, 2010. Integrated reservoir management system for adaptation to climate change: the Nakdong River Basin in Korea[J]. Water resources management, 24: 3397-3417.

HUANG Q, SUN Z, OPP C, et al., 2014. Hydrological drought at Dongting Lake: its detection, characterization, and challenges associated with Three Gorges Dam in Central Yangtze, China[J]. Water resources management, 28(15): 5377-5388.

RICHTER B D, BAUMGARTNER J V, POWELL J, et al., 1996. A method for assessing hydrologic alteration within ecosystems[J]. Conservation biology, 10: 1163-1174.

TURNER S W D, GALELLI, S, 2016. Regime-shifting streamflow processes: implications for water supply reservoir operations[J]. Water resources research, 52(5): 3984-4002.

WAN W H, ZHAO J S, LUND J R, et al., 2016. Optimal hedging rule for reservoir refill[J]. Journal of water resources planning and management, 142(11): 04016051.

ZHANG Q, XU C Y, SINGH V P, et al., 2009. Multiscale variability of sediment load and streamflow of the lower Yangtze River basin: possible causes and implications[J]. Journal of hydrology, 368(1): 96-104.